熊星人

希提星系迷航記

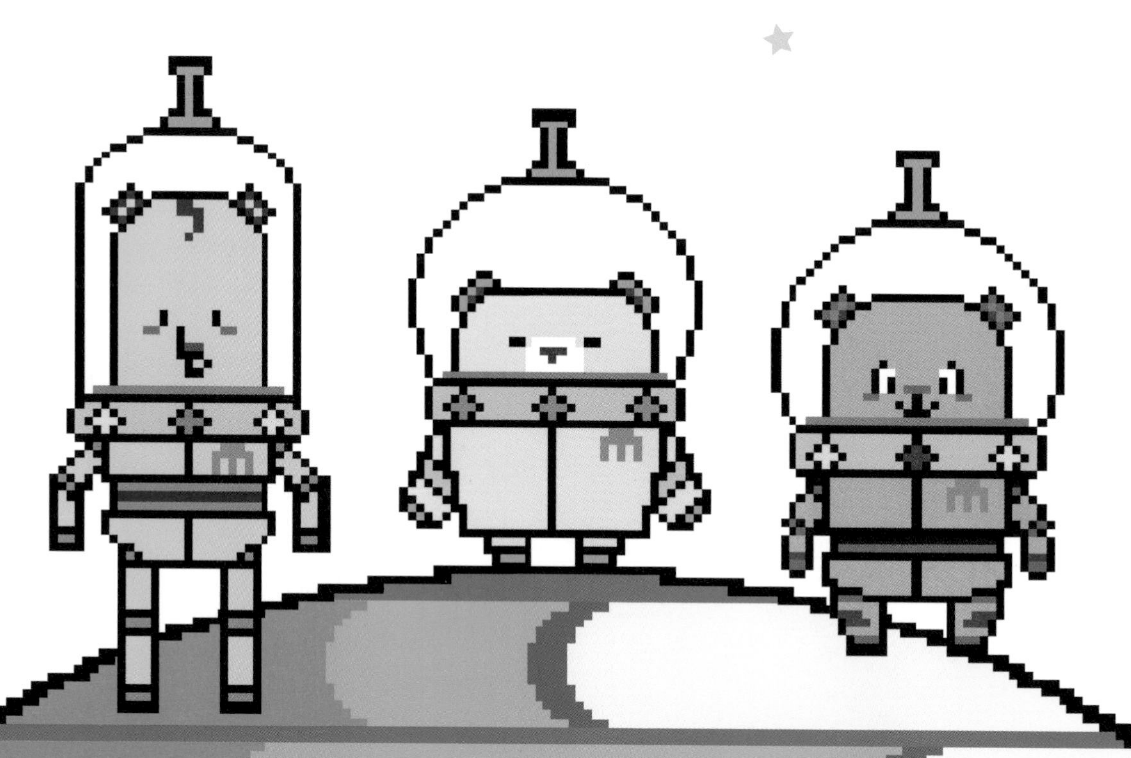

企劃：肯特動畫　台灣大學地質科學系
漫畫：比歐力工作室

目　錄
contents

第一話　迫降法爾星

熊星人阿盧、妮妮佮阿德準備欲轉去熊星，煞佇欲跳蟲空的時去予人拚著，著愛迫降法爾星。

太空三熊欲按怎排除困難，順利轉去到熊星咧？法爾星又閣會有啥物冒險咧等in咧？

跳蟲空。天然能源種類介紹

QRCODE

台語有聲故事

每一个故事開始掃 QRcode
就會當聽著台語有聲故事

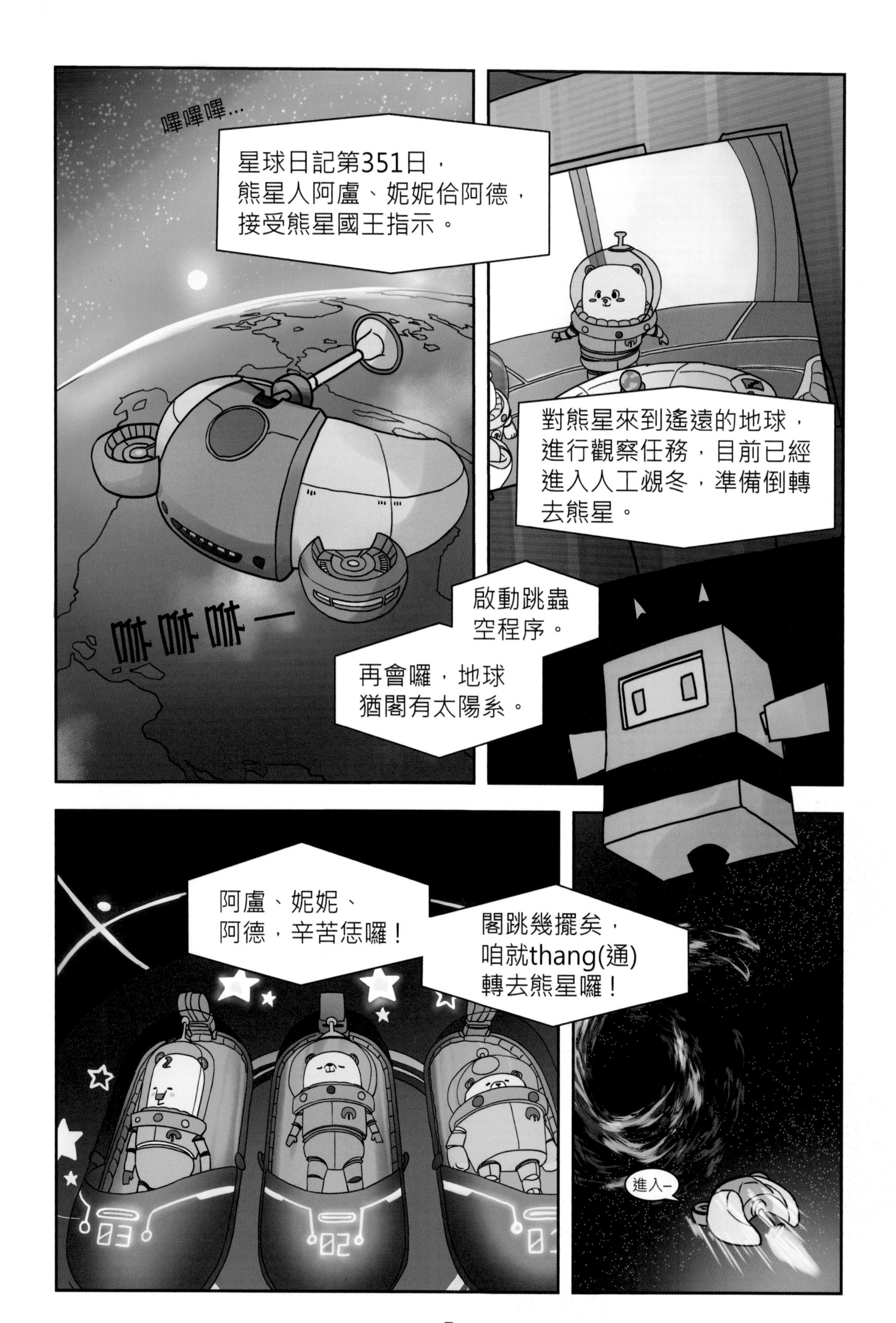
嗶嗶嗶…
星球日記第351日，
熊星人阿盧、妮妮佮阿德，
接受熊星國王指示。
對熊星來到遙遠的地球，
進行觀察任務，目前已經
進入人工�星冬，準備倒轉
去熊星。
咻咻咻—
啟動跳蟲
空程序。
再會囉，地球
猶閣有太陽系。
阿盧、妮妮、
阿德，辛苦恁囉！
閣跳幾擺矣，
咱就thang(通)
轉去熊星囉！
進入—

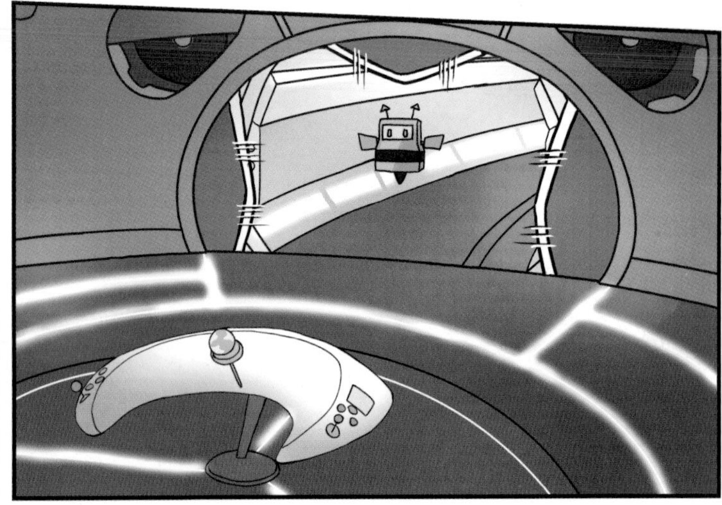

霍—

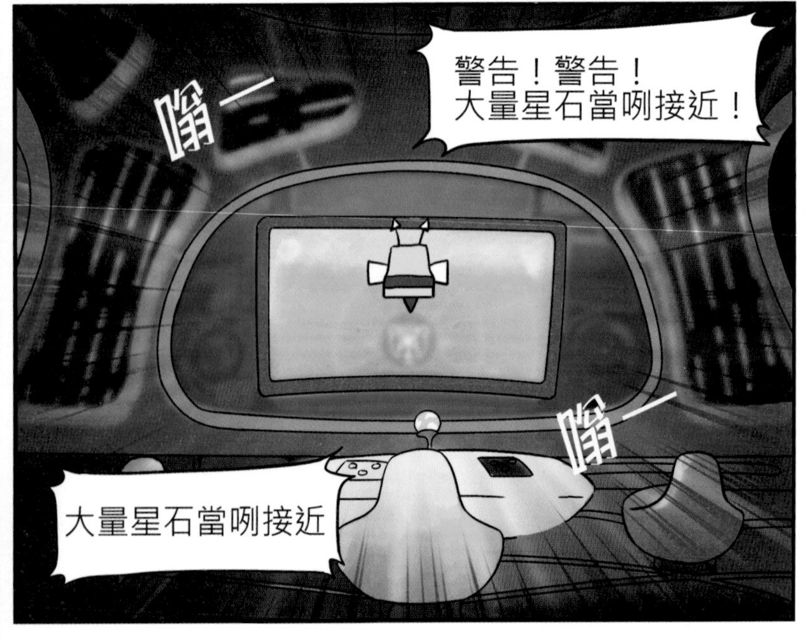
嗡—
警告！警告！
大量星石當咧接近！
嗡—
大量星石當咧接近

欲哪會按呢？

趕緊閃開！

碰！
太空母船予星石的碎片
Khian著，能源大量流失。

嘶嘶—

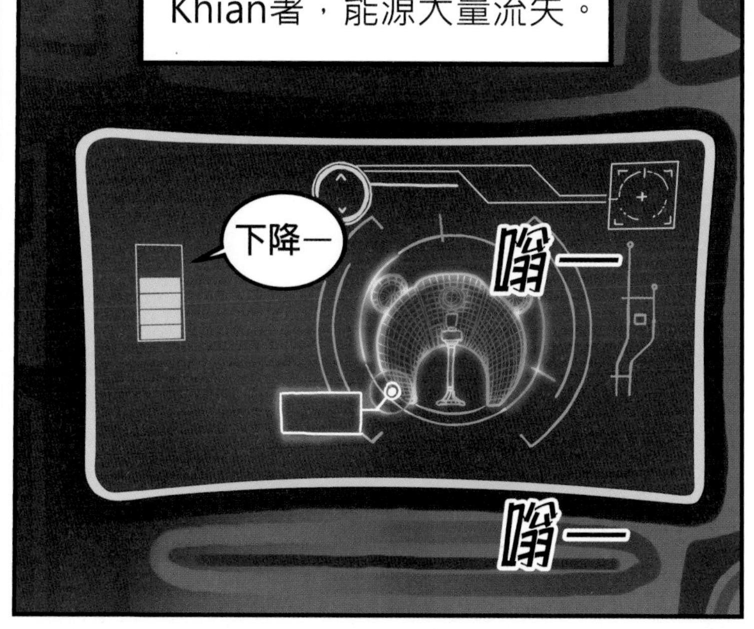
下降—
嗡—
嗡—

害矣!
強制結束人工覕冬！

阿盧
妮妮
阿德
恁趕緊
起床啦！

嗯...？
咱敢到厝矣？

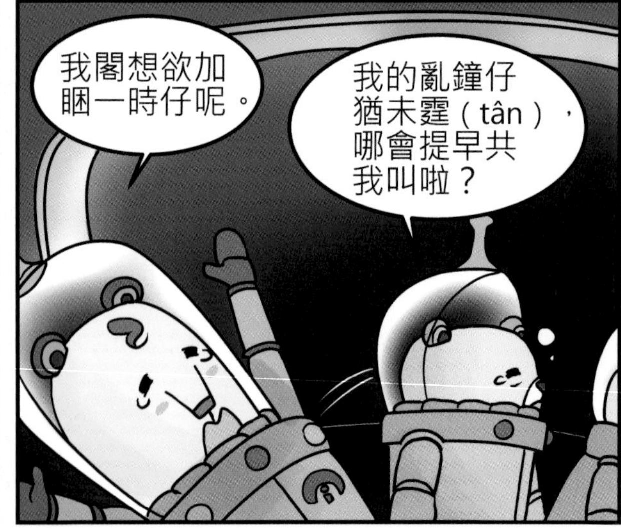
我閣想欲加
睏一時仔呢。
我的亂鐘仔
猶未霆（tân），
哪會提早共
我叫啦？

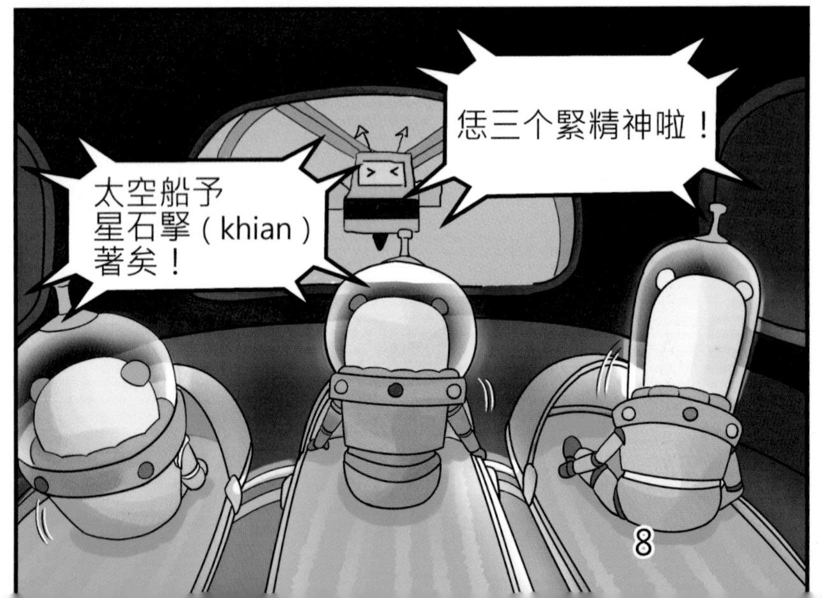
恁三个緊精神啦！
太空船予
星石掔（khian）
著矣！

啊！啥物！？

較緊咧啦！

阿德，趕緊
佮Bee4確認
損害的狀況！
好
阿盧

是
阿盧，你...
你徛予好。

我負責發送討
救兵的訊號。

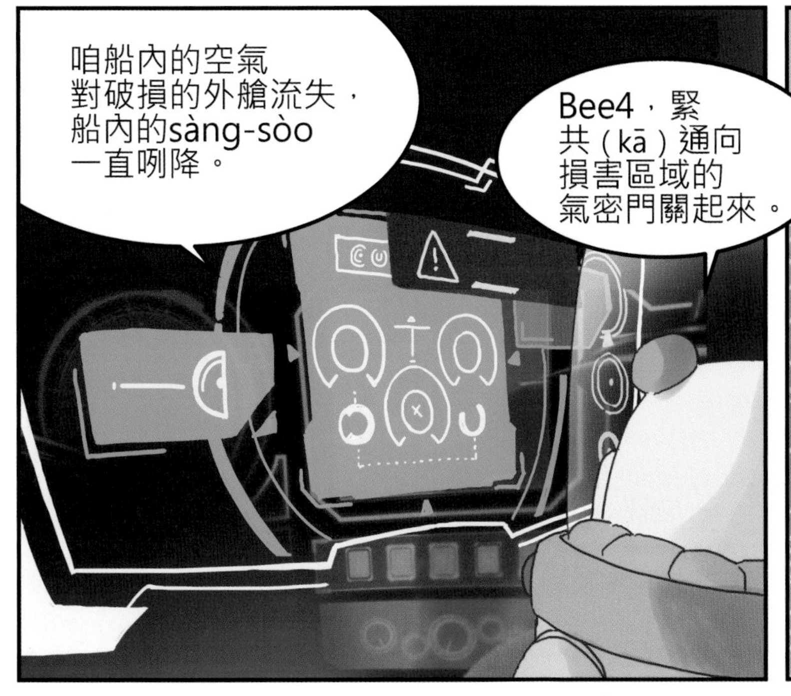
咱船內的空氣
對破損的外艙流失，
船內的sàng-sòo
一直咧降。
Bee4，緊
共（kā）通向
損害區域的
氣密門關起來。

了解。

呼叫熊星！
呼叫熊星！

嗯？這个敢毋是妮妮？
恁清醒的時間比計畫的猶閣較早，是毋是發生啥物代誌？
國王好！

報告國王，阮予人揹離開航道矣，能源嘛無辦法閣再進行跳蟲空，阮姑不將愛降落佇某一个星球。

哎呀！按呢恁這馬是佇佗一个星系？

希堤星系
根據航海日誌，
阮這馬當佇咧傳說中的希堤星系。

法爾星
56
321.612
根據資料，離咱無偌遠的法爾星，地表的火山真活動，是一粒板塊運動劇烈的星球。
板塊運動？彼是啥物碗糕啊？
哎，咱熊星無板塊運動，一時我嘛講袂清楚，這馬先想看覓欲按怎平安降落啦！

阮佇地球觀察著的火山活動敢毋是真危險？
為啥物欲選火山真活動的星球降落咧？

太空三熊啊，恁一定要加油堅持落去！
根據咱熊星過去調查的資料，法爾星有海洋佮大氣，真有可能有性命存在！阮會想辦法救援！
好！

咦？我感覺這粒行星看起來面熟面熟呢...？

天公伯啊！能源流失愈來愈濟，咱咧欲失去航行動力矣！
無時間矣！行啦！
佇法爾星降落！

來去

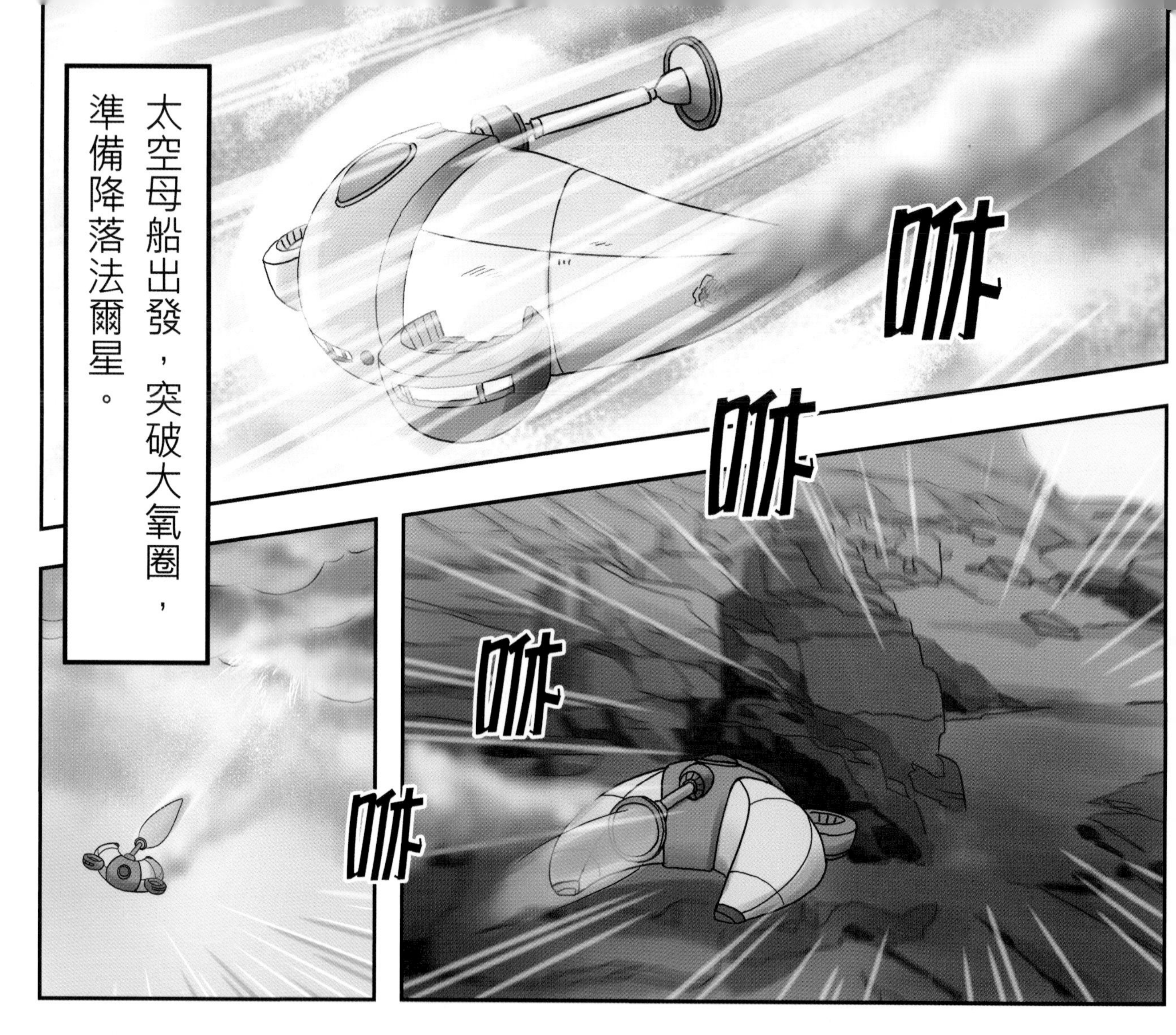
太空母船出發，突破大氣圈，準備降落法爾星。
咻
咻
咻
咻

咱毋是設定佇倚海岸的所在降落？
咦？我設定的座標無脫箠（thut-tshuê）啊？
遮按怎看都攏是山區啊！

阿盧，是毋是你烏白揤啥物開關？！
我才無咧！

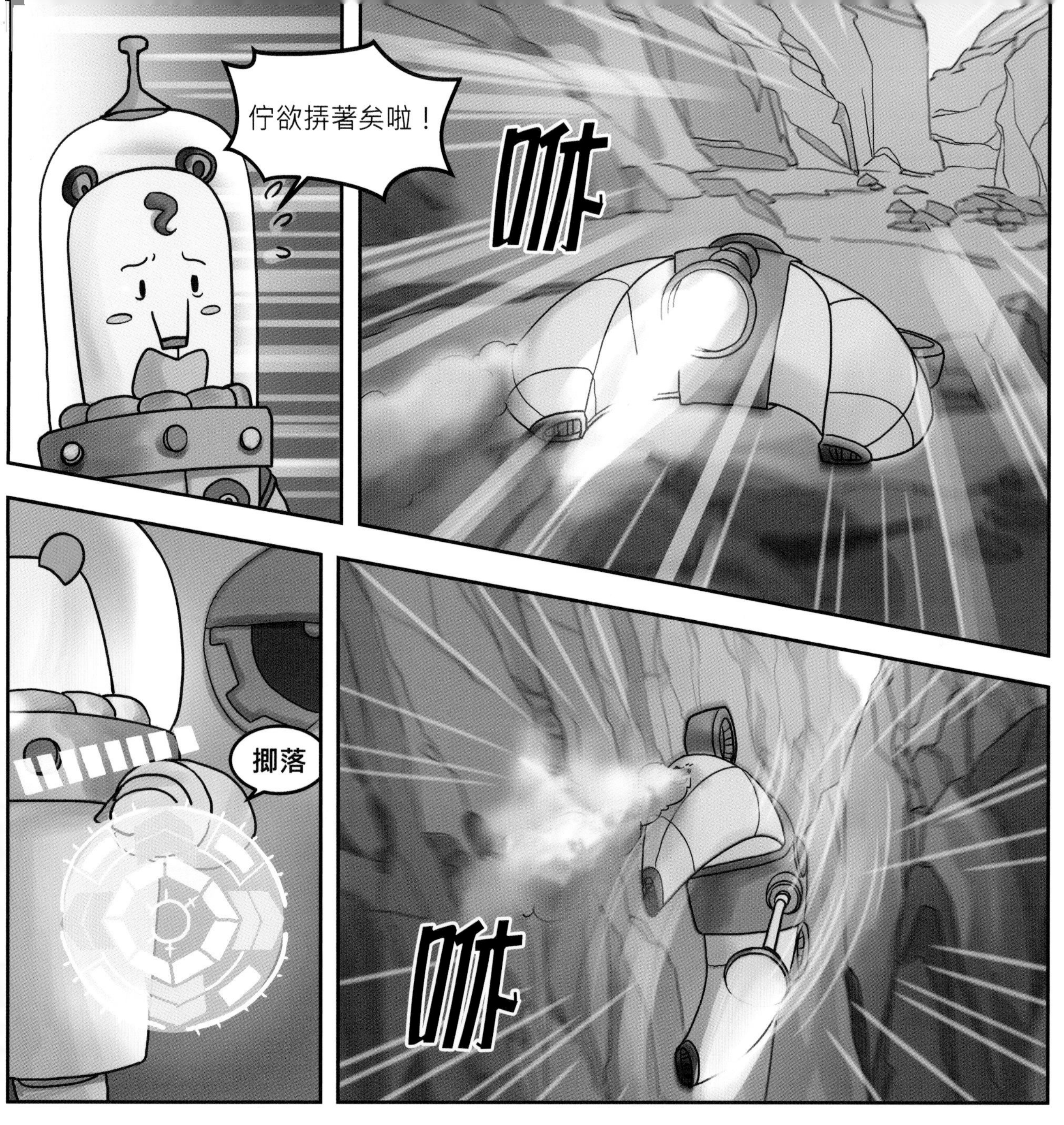

佇欲揣著矣啦！
咻
揤落
咻

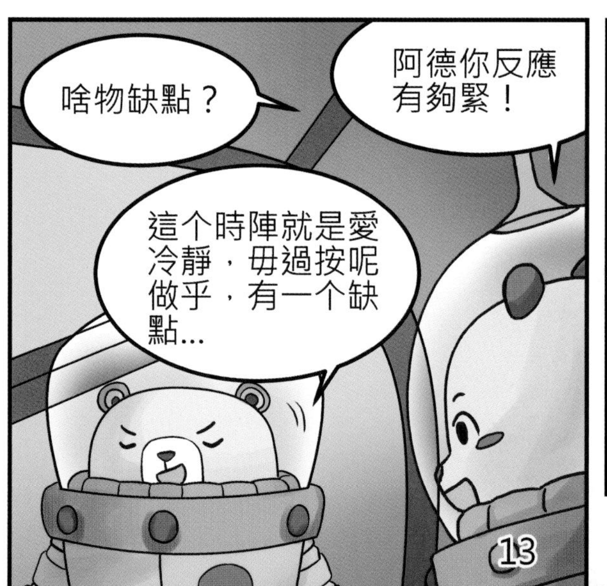

阿德你反應
有夠緊！
啥物缺點？
這个時陣就是愛
冷靜，毋過按呢
做乎，有一个缺
點...

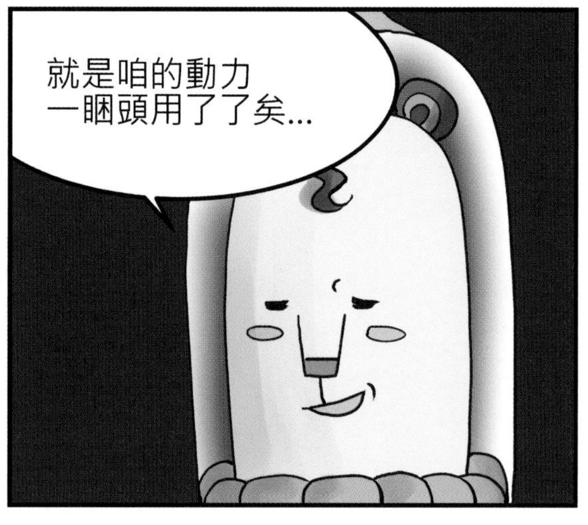

就是咱的動力
一睏頭用了了矣...

哇
啊
這个時陣，太空母船失去動力，姑不將降落佇山坡。
轟
砰
哇
啊
啊
轟
啊
啊
啊
…
轟
…
停佇一个熔岩，降落來形成的所在。
母船的外壁E區佮F區損害甲足嚴重，干焦賰無夠1/5的能源矣。
啥物！
傷譀矣啦！
真害！
好啦，阿盧佮我先去外口探勘損害的情形。
阿德，麻煩你確認目前系統的狀況。
好。

敢若無啥樂觀。

妮妮你看！遐破一空足大空呢！

我猶是來發送訊號轉去熊星好矣。

按怎？太空船敢修理的好？

嗯，毋過愛開一寡時間，閣較大的問題是：無能源，咱嘛無法度閣飛矣。

目前發送到熊星的討救兵訊號嘛無任何的回應。

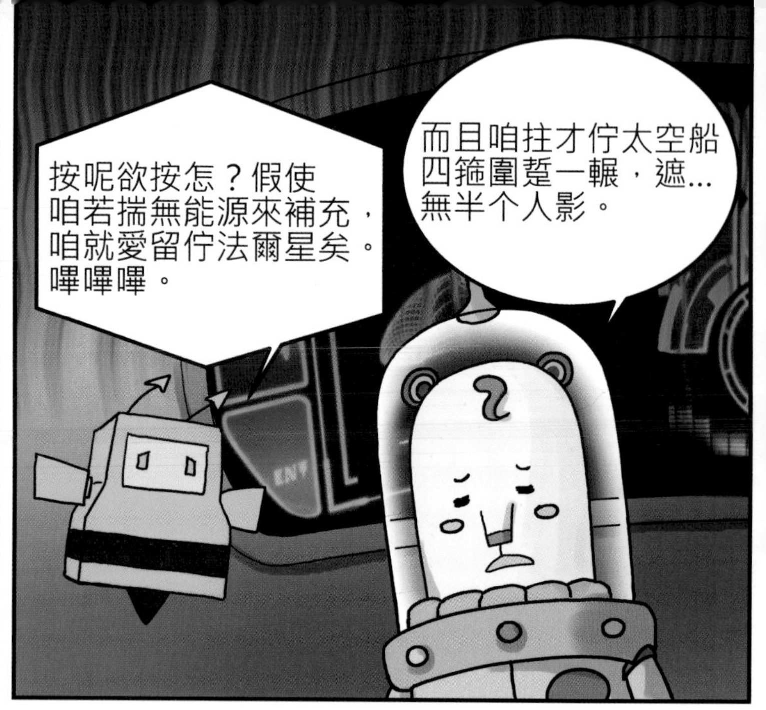
按呢欲按怎？假使咱若揣無能源來補充，咱就愛留佇法爾星矣。嗶嗶嗶。
而且咱拄才佇太空船四箍圍踅一輾，遮...無半个人影。

袂用得！咱袂當遐爾失志。法爾星遮一定有會當予咱轉去厝的能源。

著！猶未拚就放棄，毋是咱三熊的風格。

好！第87屆太空三熊緊急會議！
開議！

第一步，
咱愛先想看咱
會當提著啥物
替代能源。
有佗一寡？

嗯...，上基本的
就是太陽能，我
會當展開太陽能
枋，
抑毋過（m̄-koh），
太陽能發電需要充
足穩定的日照，才
會當共光能透過光
伏技術轉換做電能。

按呢法爾星的日照
時間敢有夠予太空
船補充需要的能源？
至少會當維持
太空船上基本
的運作。

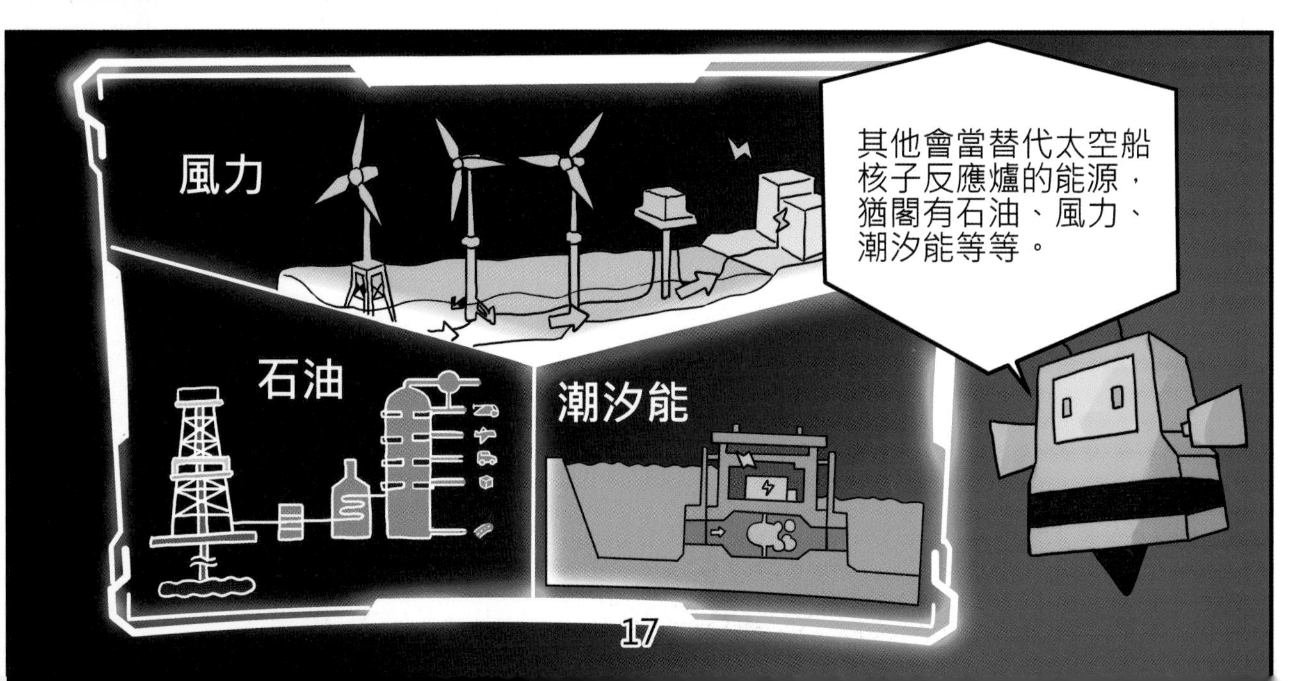
風力
石油
潮汐能
其他會當替代太空船
核子反應爐的能源，
猶閣有石油、風力、
潮汐能等等。

毋過遮的攏是必須愛經過開採或者是架設機具變電，毋是咱太空船的設備會當提著的。

咱太空船無配備，無的確法爾星的人會有啊？
咱出去揣看敢有人會當共咱鬥相共！

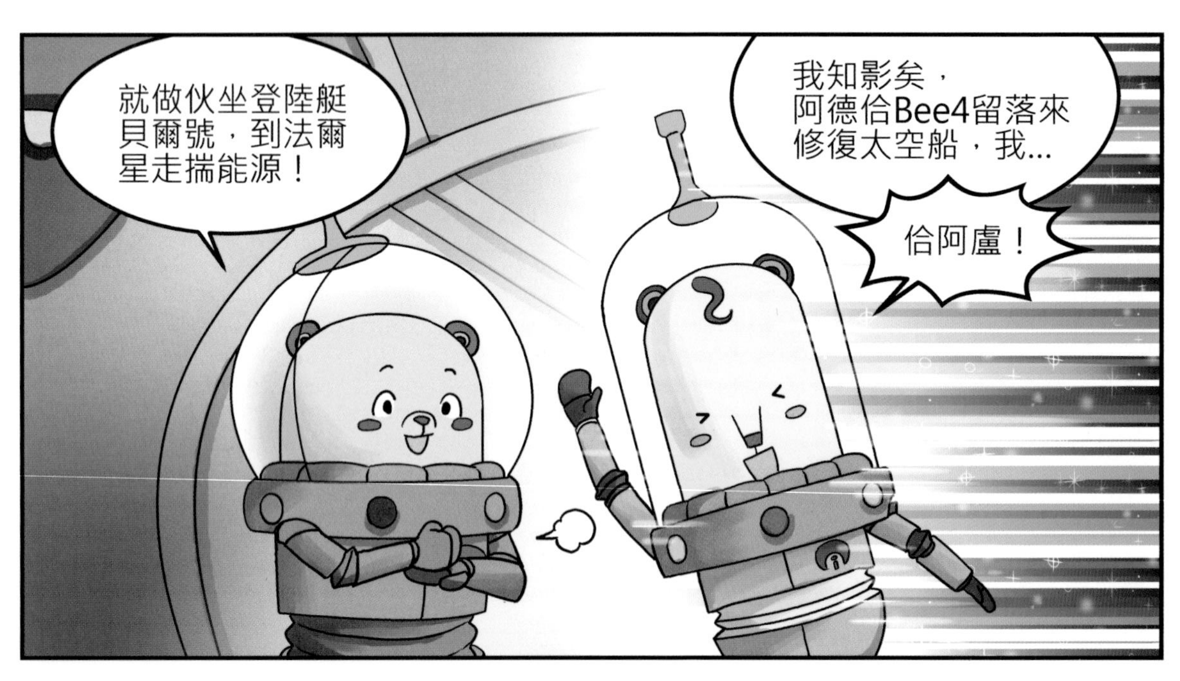
就做伙坐登陸艇貝爾號，到法爾星走揣能源！
我知影矣，阿德佮Bee4留落來修復太空船，我...
佮阿盧！

我贊成！這是目前上合理，可行的辦法。

OH！YA！欲去探險矣，足歡喜的！

就拜託恁顧厝矣喔。

妮妮、阿盧，我會隨時協助恁，有啥物問題就趕緊佮我聯絡喔。
我佮阿德會冗早將母船修理好，嘛希望恁會當趕緊傳來好消息喔。

妥當的啦！

阿盧，
等neh啦！

我感覺愛解決地圖
資訊無仝款的問題，
若無，咱到底佇佗
位著舞袂清楚矣。

無問題！
這件代誌交予我！

耶！咱就坐登陸艇
貝爾號出發！
轟
轟

轟

探險開始！
阿盧，你莫歡喜過頭矣啦，毋通袂記得咱的目的是愛走揣會當補充的能源！
法爾星頂面有啥物咧？實在予人足期待！

好啦好啦！妮妮你每一遍攏按呢大驚小怪...
阿盧你袂當按呢，阿盧你袂當按呢...

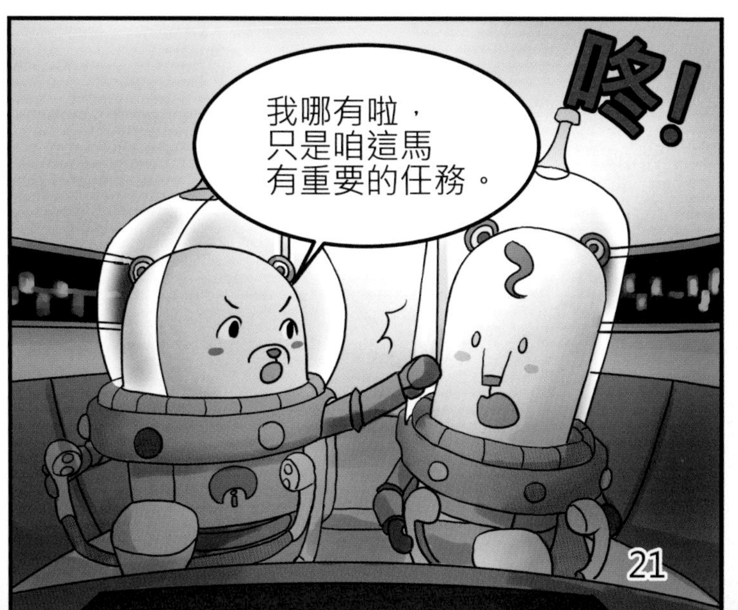

咚！
我哪有啦，只是咱這馬有重要的任務。

按呢嘛袂當共人拍嘛！

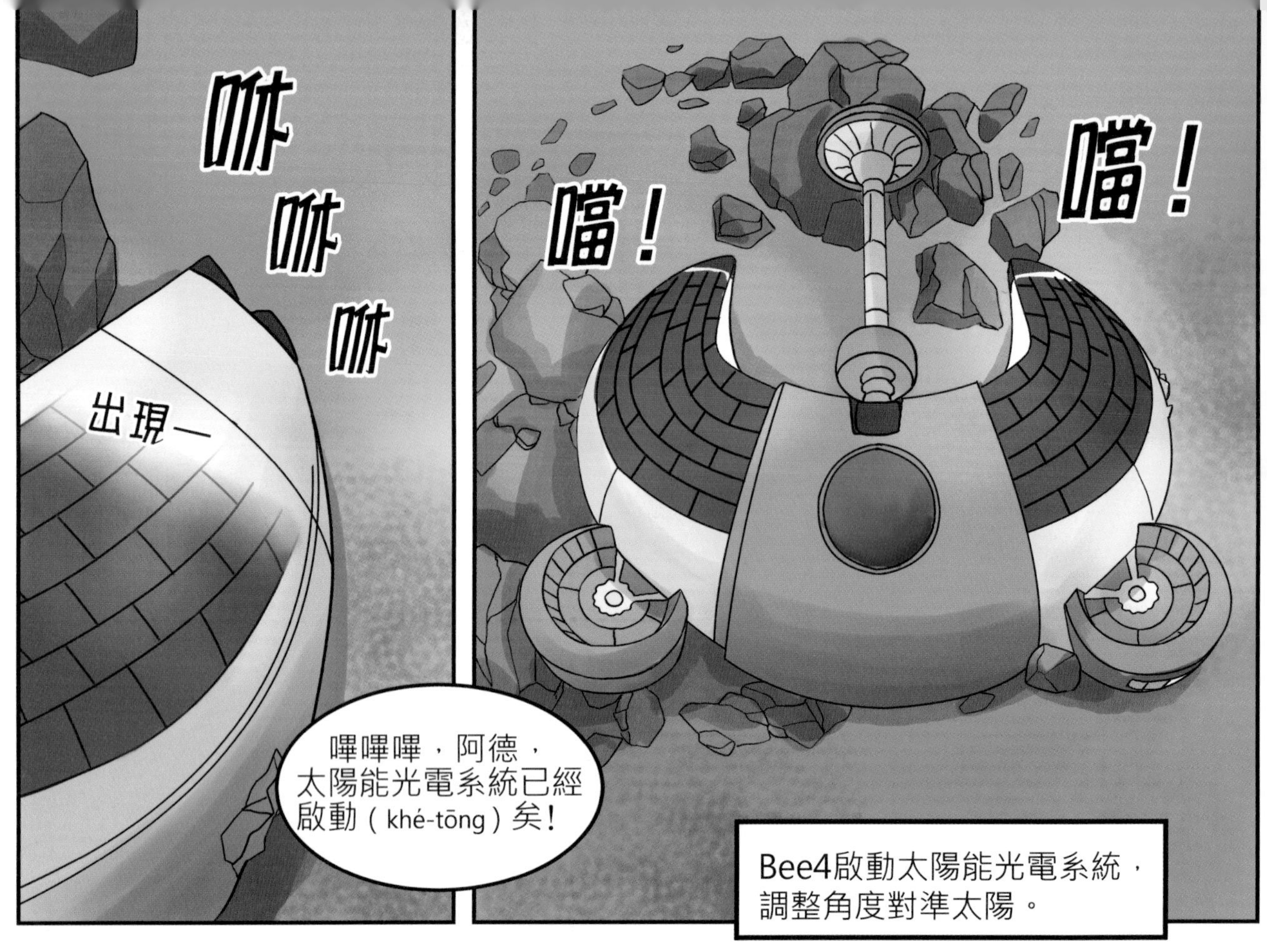
咻
咻
咻
出現—
嗶嗶嗶，阿德，
太陽能光電系統已經
啟動（khé-tōng）矣！
噹！
噹！
Bee4啟動太陽能光電系統，
調整角度對準太陽。

至少愛予思考洞窟
佮通訊設備會當正
常運作才會用矣。

嗶嗶嗶，無問題，
提供的發電量會當
供應母船基本的電
力系統運作。
航行動力能源
30%

好喔！Bee4，我欲
發射一粒微型衛星
調查規个法爾星。
而且嘛替貝爾號做
衛星定位。
嗶嗶嗶，
了解！

衛星發射完成！
我將衛星頂面的
翕影資訊轉到螢
幕頂面。

天公伯啊！
資料庫的地圖果然佮
這馬法爾星實際情形
差足濟！
這到底是發生
啥物代誌啊？

地質科學小智識

Q1：能源有佗一寡?

A1：再生能源(天然能源)佮非再生能源。

Q2：非再生能源有佗一寡?

A2：核能、石油、天然氣、塗炭等等。

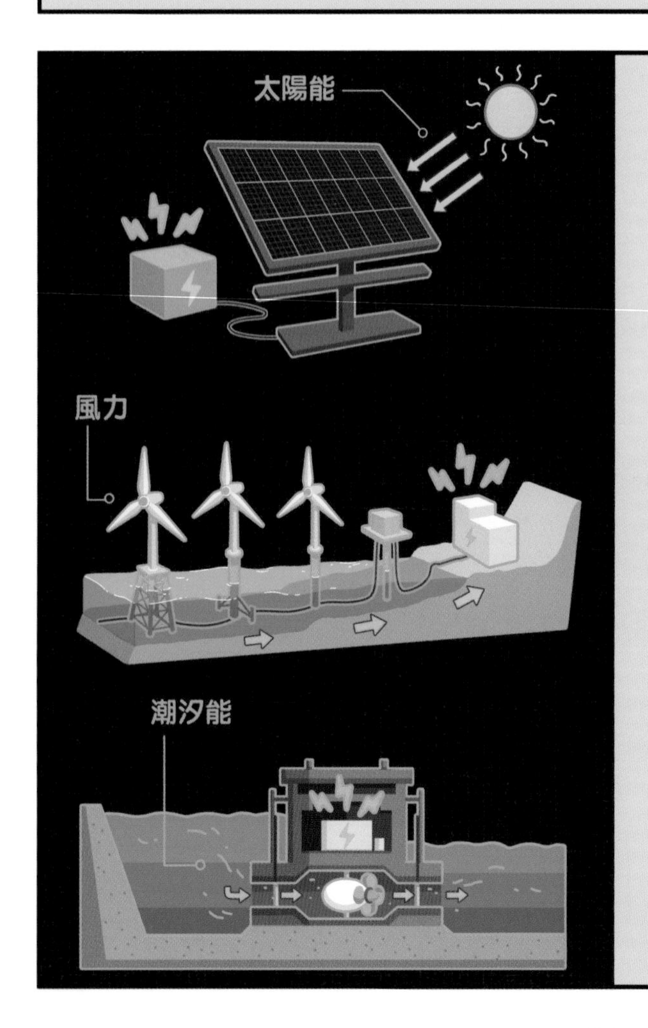

Q3：天然能源有佗一寡?

A3：地熱能、太陽能、風能、生質能、潮汐能等。

第二話　貝爾號出發

阿盧佮妮妮坐登陸艇貝爾號探勘法爾星的過程中，地面發生強烈的震動，周圍幾若个火山口相連紲噴發，予in足驚險，覕來覕去，阿德發現法爾星有足大的變化！

地動基礎智識。岩漿庫。盾形火山

QRCODE
台語有聲故事

每一个故事開始掃 QRcode
就會當聽著台語有聲故事

阿盧駛貝爾號飛過一片
曠闊黃錦錦的高原。
咻咻咻——

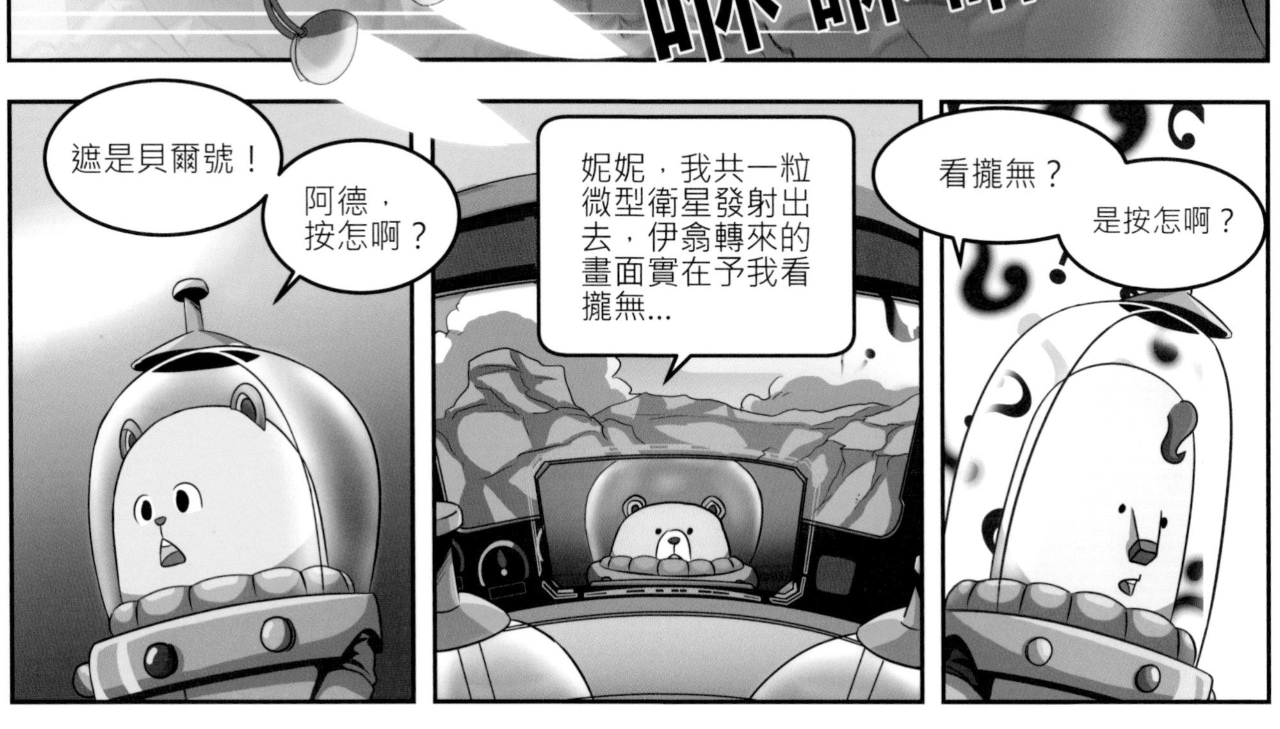
遮是貝爾號！
阿德，
按怎啊？
妮妮，我共一粒
微型衛星發射出
去，伊翕轉來的
畫面實在予我看
攏無...
看攏無？
是按怎啊？

法爾星資料地圖
衛星回傳地圖畫面
這个地圖佮咱熊星
資料庫的完全對袂
起來。
按照熊星資料庫內面
的地圖，法爾星應該
是一片真大的陸地，
毋過這馬煞是幾若
塊細型的陸地分佈
佇規个行星頂面。

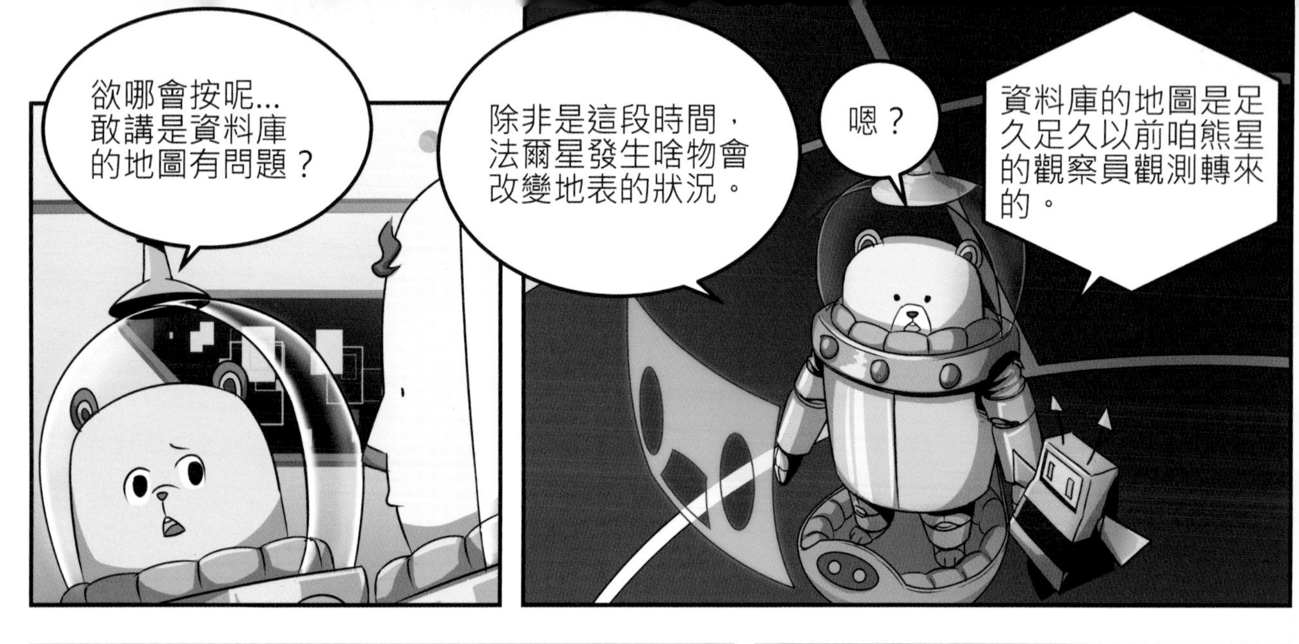
欲哪會按呢...
敢講是資料庫
的地圖有問題？
除非是這段時間，
法爾星發生啥物會
改變地表的狀況。
嗯？
資料庫的地圖是足
久足久以前咱熊星
的觀察員觀測轉來
的。

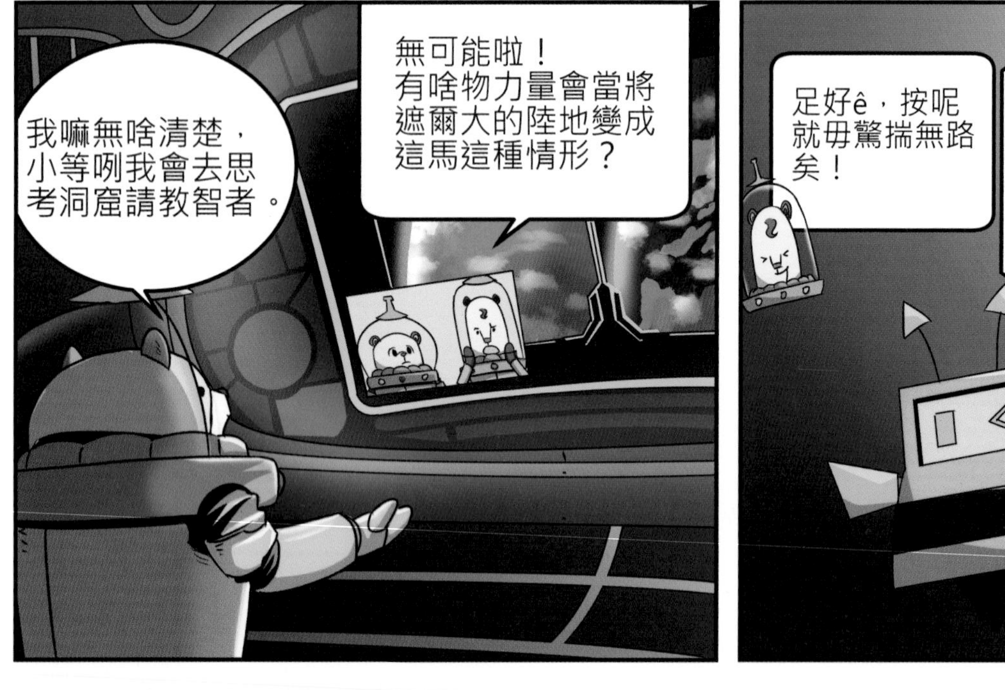
無可能啦！
有啥物力量會當將
遮爾大的陸地變成
這馬這種情形？
我嘛無啥清楚，
小等咧我會去思
考洞窟請教智者。

嗶嗶嗶，同時
我嘛已經將貝
爾號做衛星定
位囉，紲落來
恁會當利用衛
星的地圖資訊
規劃航線。
足好ê，按呢
就毋驚揣無路
矣！

照地圖按呢看起
來，頭前是一片
曠闊的高原，
阿盧，咱先去
彼爿看覓敢會
當發現啥物資
源！

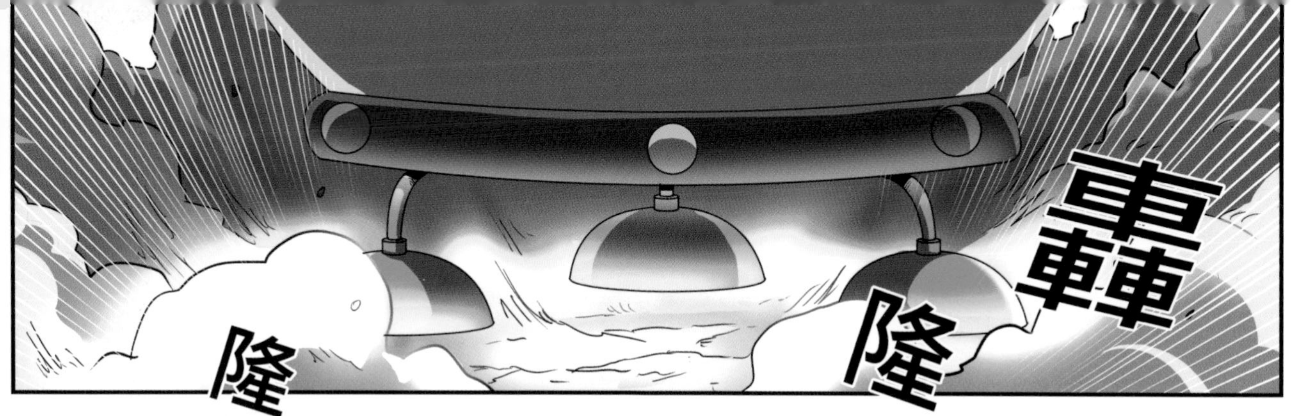

轟
隆
隆

對這爿按呢看過去敢若無啥物適合生物蹛的所在呢...

啊！咱先揣看覓佗位有水源！
生物攏需要水，佇倚近水的所在無的確就會有人蹛喔！

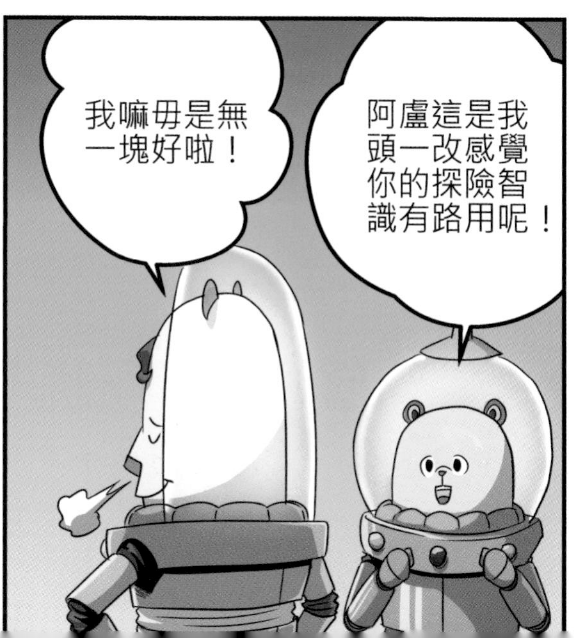

阿盧這是我頭一改感覺你的探險智識有路用呢！
我嘛毋是無一塊好啦！

看彼爿
看這爿

妮妮你看，彼爿青色植物發甲較茂（ōm），
無的確水資源嘛會較豐富哦。

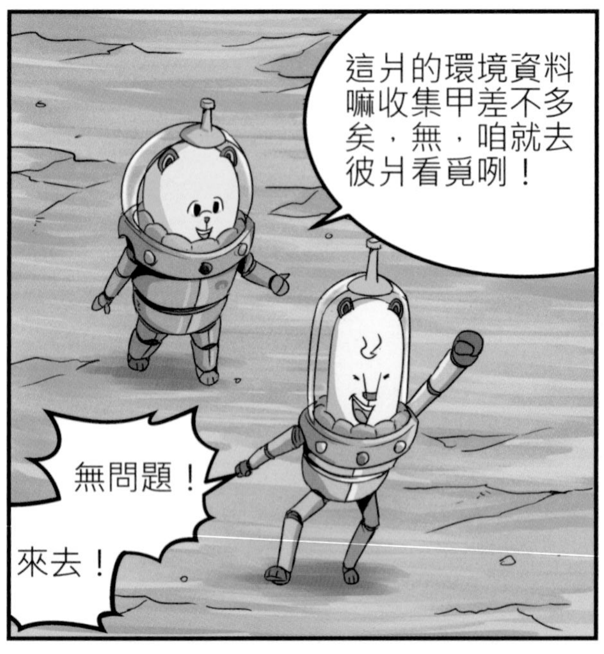
這爿的環境資料嘛收集甲差不多矣，無，咱就去彼爿看覓咧！
無問題！
來去！

轟
隆
隆
隆

砰！

這是啥物情形？

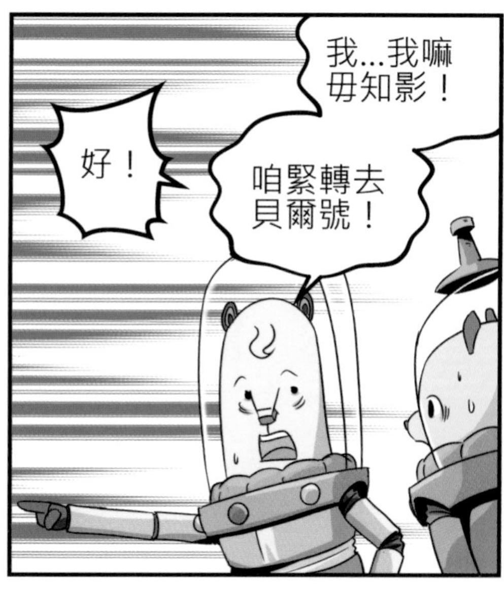
我...我嘛毋知影！
咱緊轉去貝爾號！
好！

咻——

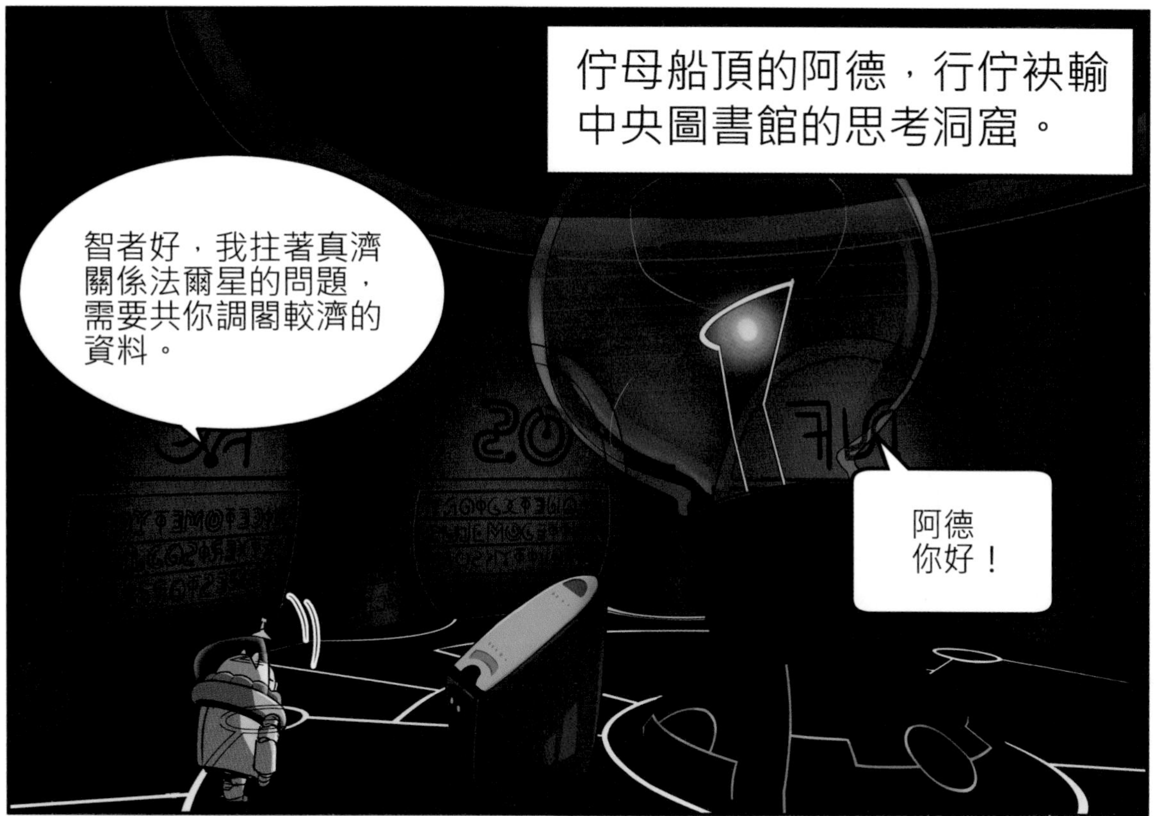
佇母船頂的阿德，行佇袂輸
中央圖書館的思考洞窟。
智者好，我拄著真濟
關係法爾星的問題，
需要共你調閣較濟的
資料。
阿德
你好！

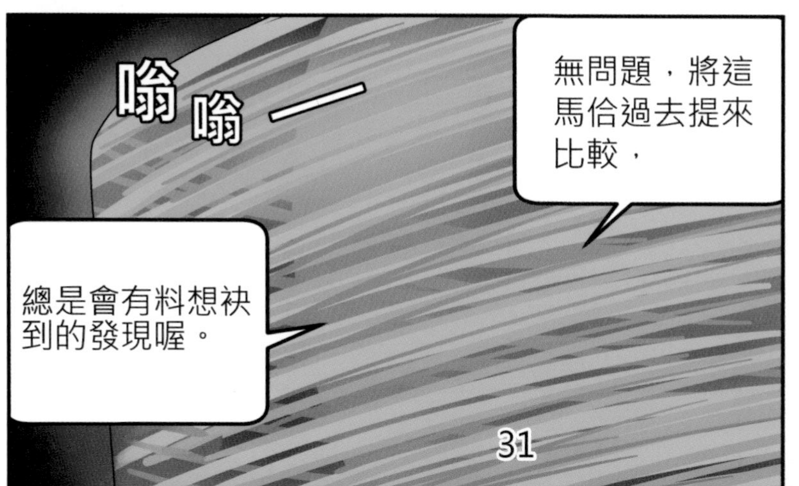
嗡嗡——
無問題，將這
馬佮過去提來
比較，
總是會有料想袂
到的發現喔。

...嗯？
搖
晃

遮是
貝爾號！
阿德！
阮拄著足大的震動，
規个地面攏咧幌，
強欲驚死矣！

我嘛有感覺
小可咧戡，
猶毋過無
真明顯啊？

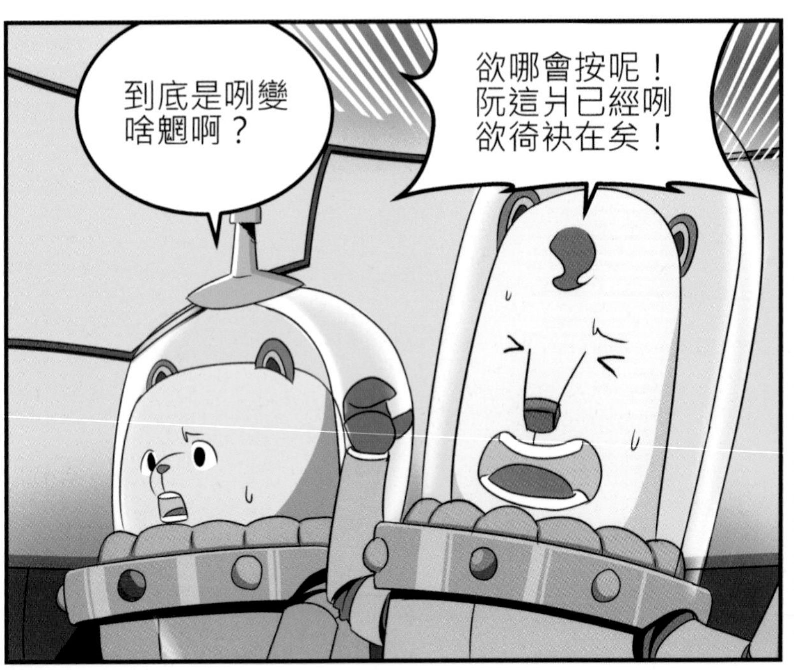
到底是咧變
啥魍啊？
欲哪會按呢！
阮這爿已經咧
欲徛袂在矣！

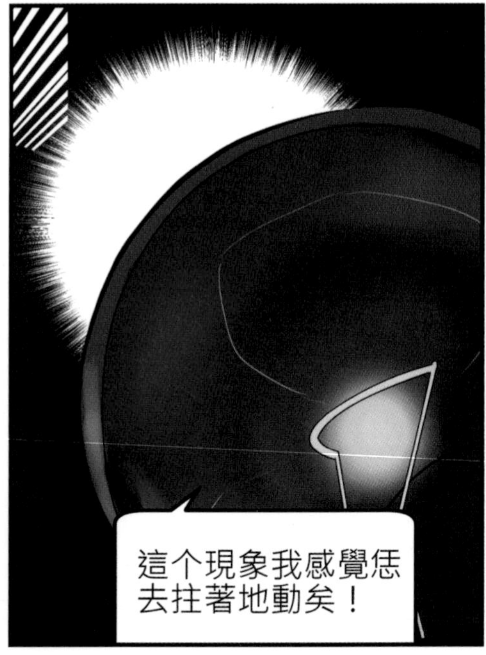
這个現象我感覺恁
去拄著地動矣！

地動？
佇地球的時陣我
敢若捌聽過喔！

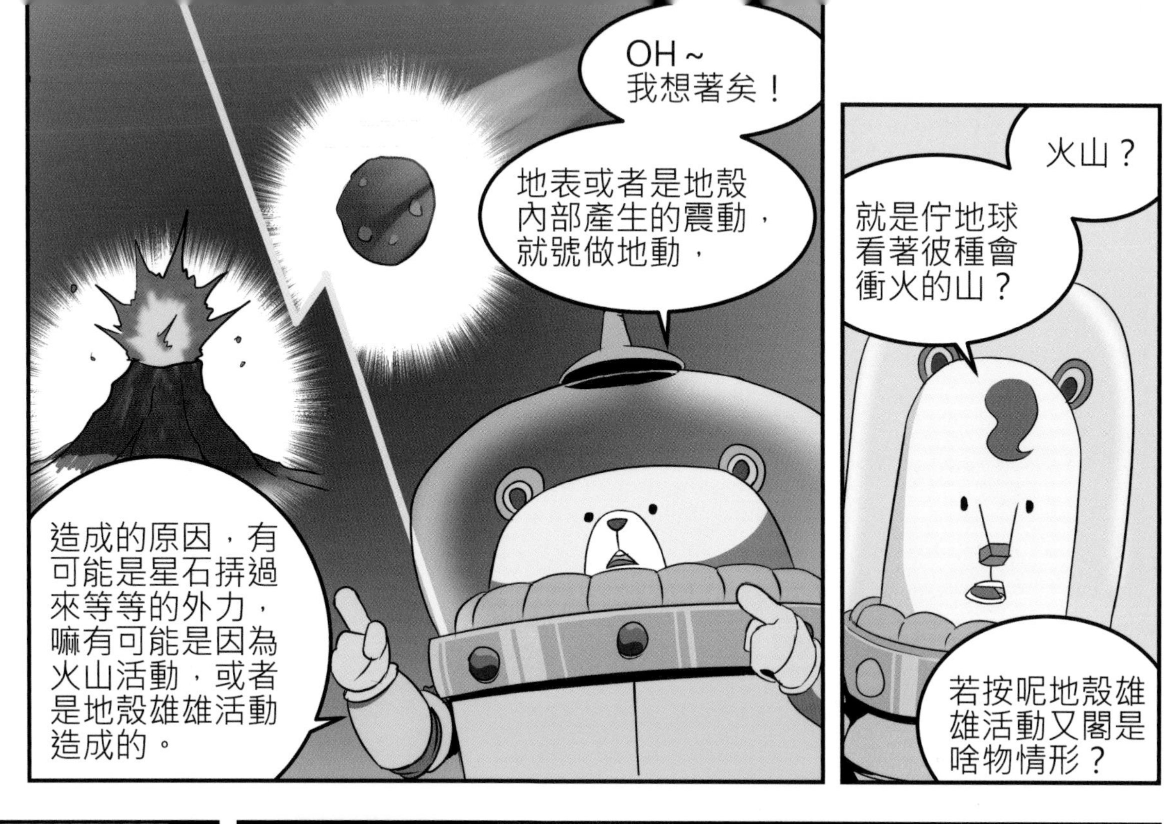

OH~
我想著矣！
地表或者是地殼內部產生的震動，就號做地動，
造成的原因，有可能是星石摒過來等等的外力，嘛有可能是因為火山活動，或者是地殼雄雄活動造成的。
火山？
就是佇地球看著彼種會衝火的山？
若按呢地殼雄雄活動又閣是啥物情形？

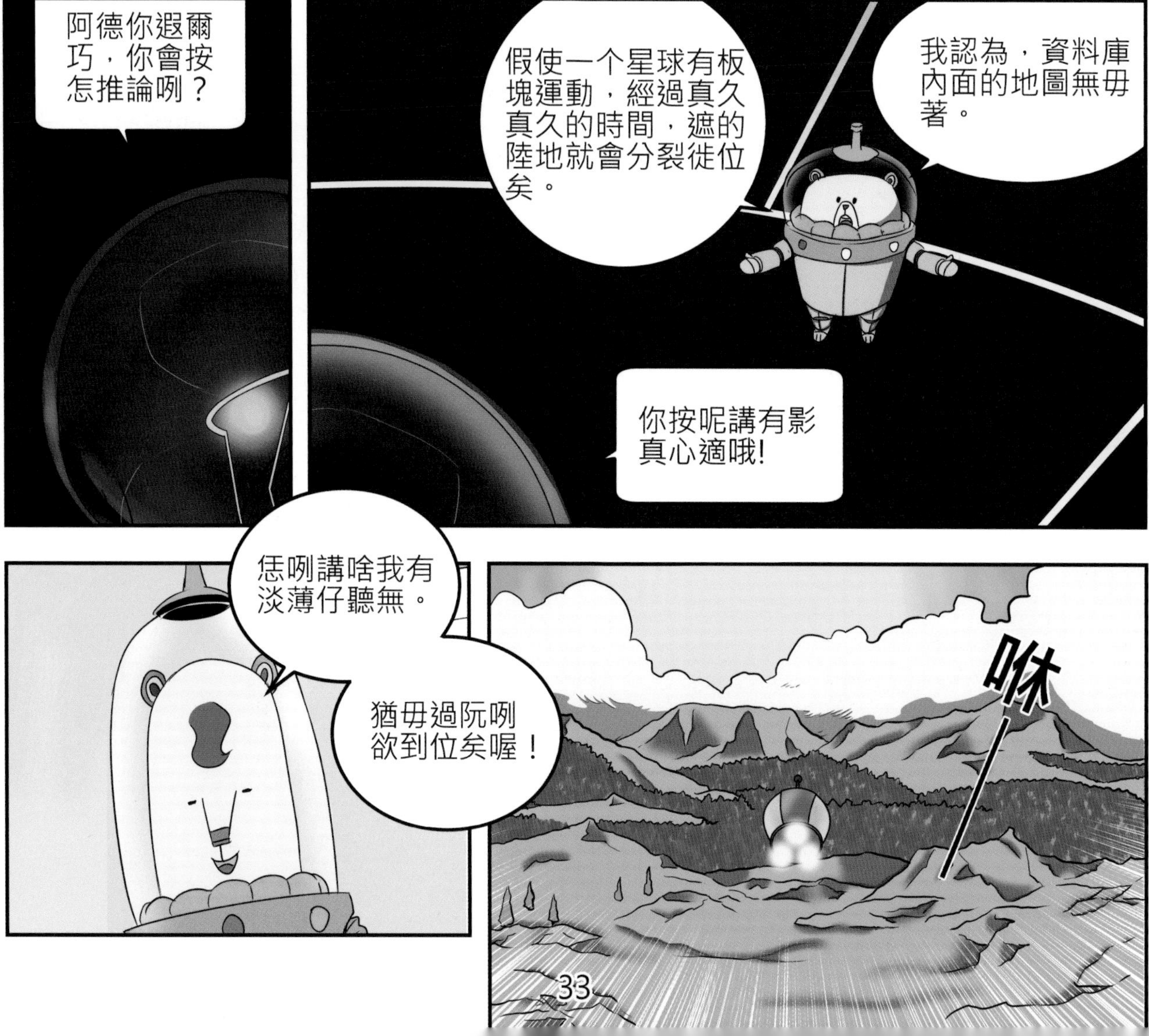

阿德你遐爾巧，你會按怎推論咧？
我認為，資料庫內面的地圖無毋著。
假使一个星球有板塊運動，經過真久真久的時間，遮的陸地就會分裂徙位矣。
你按呢講有影真心適哦!
恁咧講啥我有淡薄仔聽無。
猶毋過阮咧欲到位矣喔！
咻—

貝爾號飛過幾座低山，
這个時陣，
咻 咻 咻——
閃！
轟！
地面又閣發生激烈的振動，
低山山口噴出火焰佮熔岩。

阿盧，你毋是講遮會有水源？哪會顛倒是四界咧噴火啦！
足驚人的！
唉唷！我嘛毋知影會按呢矣！

阿盧、妮妮，衛星有傳回恁彼搭的資料喔，
發現恁彼爿下底有火山活動！

有可能會因為拄才的地動引起火山爆發！

你這馬才講敢袂傷慢矣！
阮攏拄著矣。

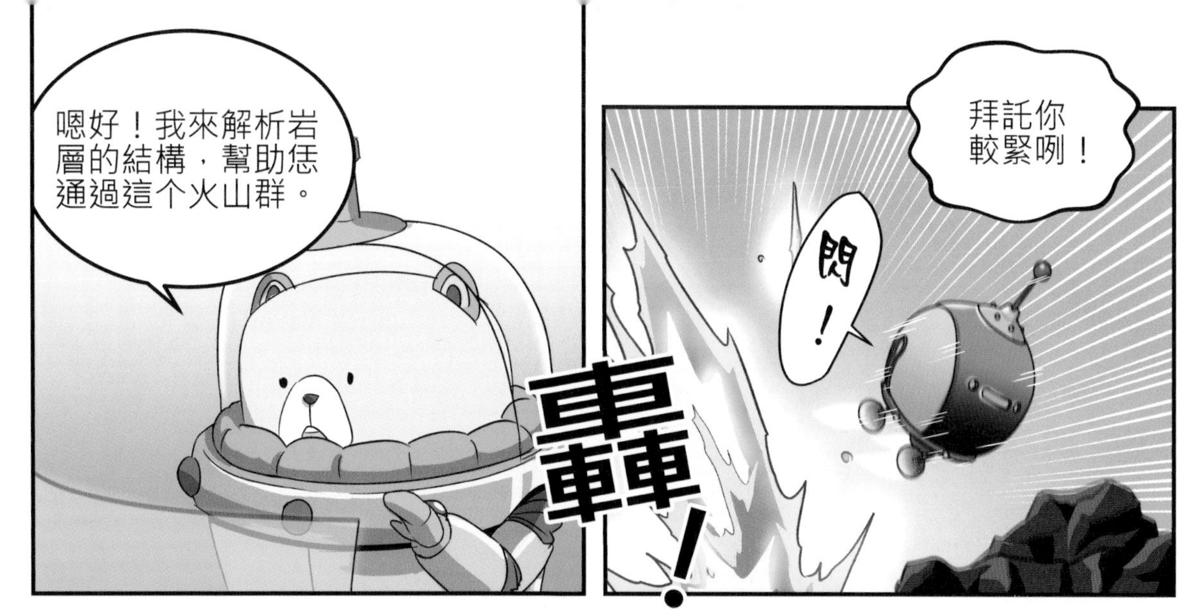
嗯好！我來解析岩層的結構，幫助恁通過這个火山群。
拜託你較緊咧！
閃！
轟！

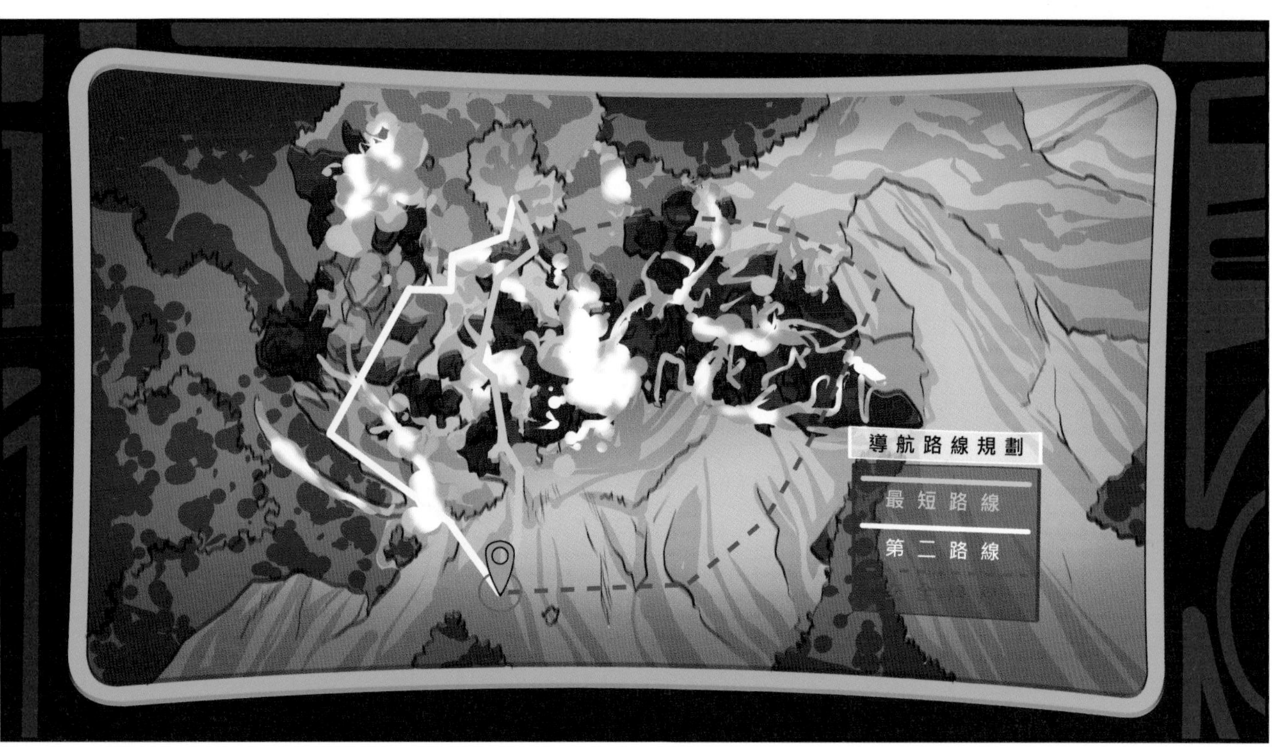
導航路線規劃
最短路線
第二路線

嗯!

阿盧、妮妮，我這馬就共離開這个火山群上好的路徑傳過去予恁。
嗶

好！
貝爾號，起行！

咻
咻
咻

阮嘛咧欲脫離火山群矣，揣一个較懸的所在，觀察一下仔情形，才決定欲對佗去！
咻——

咻——
唦
噠

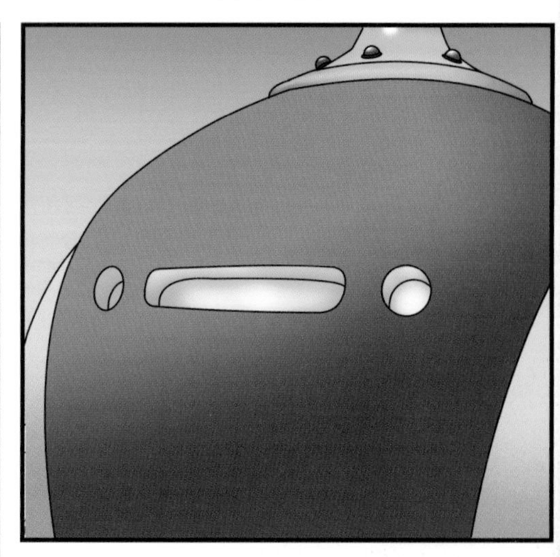

OH～
遮的地形
足心適的！
遮的山崙有的雖
然真懸，毋過崎
度煞袂傷趨，山
頂閣有一个火山
口。

猶毋過講著火山，
我印象當中佇地球
看著的敢若是彼種
閣懸閣尖的山呢？

嗶嗶嗶，咱進前
佇地球的時陣有
看過親成的所在
喔！
好！按呢我查看
覓對地球收集著
的資料...

喔！有矣！
這種火山號
做盾狀火山，
是彼種流動性較懸
的玄武岩岩漿，湠
落來了後一層一層
疊起來的。

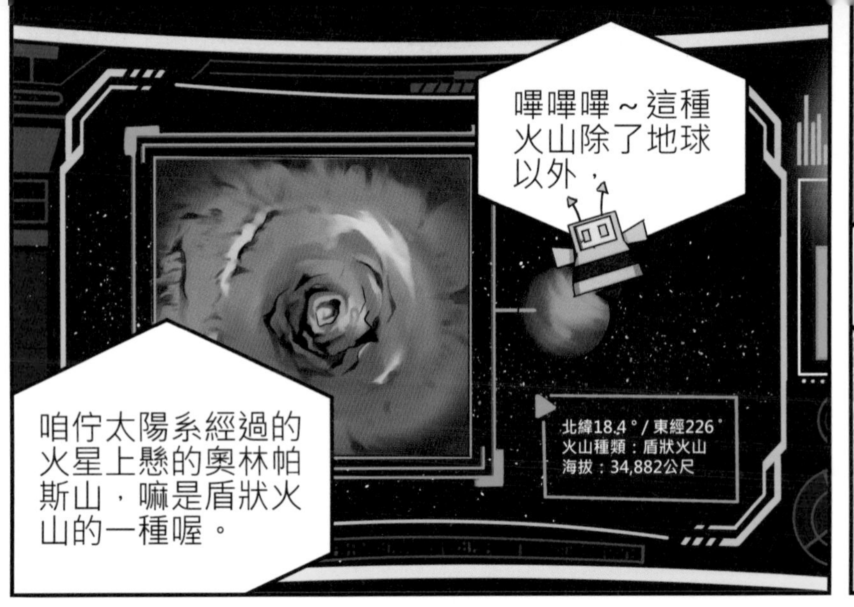
嗶嗶嗶～這種火山除了地球以外，
北緯18.4°／東經226°
火山種類：盾狀火山
海拔：34,882公尺
咱佇太陽系經過的火星上懸的奧林帕斯山，嘛是盾狀火山的一種喔。

我有印象，彼座山對宇宙看起來嘛是真壯觀呢，
原來火山毋但一種！

資料頂懸講，玄武岩岩漿大量溢出來、噴出來了後，閣會形成熔岩平原或者是高原，
就親像印度的德干高原就是熔岩高原形成的...
哇～干焦是火山就有足濟智識愛研究。

我有啥物新發現才佮恁聯絡喔！
著啦！走揣能源的代誌就拜託恁矣！
妥當的啦！

法爾星的嗚帕魯帕~
嗚帕帕
嗚帕帕

岩漿沖天~
火山爆發~
嗚帕魯帕

毋驚毋驚~
嗚帕帕
嗚帕帕

噠
噠
噠
浸著溫泉~
天大地大~
阮的嗚帕所在
溫暖的家~

遮是希堤星系原住民
嗚帕魯帕人住的所在。

轟
嗚帕！
轟
嗚帕帕
轟
嗚帕！
嗚帕帕
轟
嗚帕帕當咧泡溫泉，
雄雄發生的大噴發，
共嗚帕帕噴共遠遠遠。

火山有啥物資源會當
開採來做能源使用？

佇火山開採能源？
按呢敢毋是真危險？
咱趕緊離開遮，去別位
走揣能源啦！

咻
嗚
嗚
嗚

啪

彈
開
砰！
嗚帕—！
等一下，有啥物物件挵著天線矣呢。
咻...

出去看覓？
嗯！

嗚帕！
嗚帕帕！

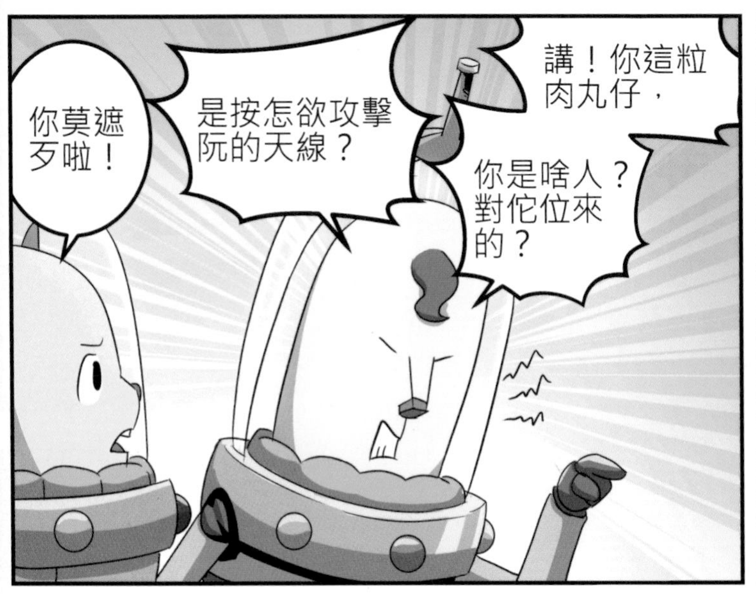
講！你這粒肉丸仔，
是按怎欲攻擊阮的天線？
你是啥人？對佗位來的？
你莫遮歹啦！

你好，你敢是這个星球的居民？

我是妮妮，伊是阿盧，
阮的太空船無法度振動矣，你敢會當悉阮去揣人鬥相共？

嗚帕帕？

欲按怎？伊敢
若聽無呢？
這个時陣就愛
用全宇宙通用
的語言啦！

嗚帕嗚帕～
嗚帕嗚帕～
嗚～帕帕

嗚～帕帕
嗚帕嗚帕～
嗚帕嗚帕～

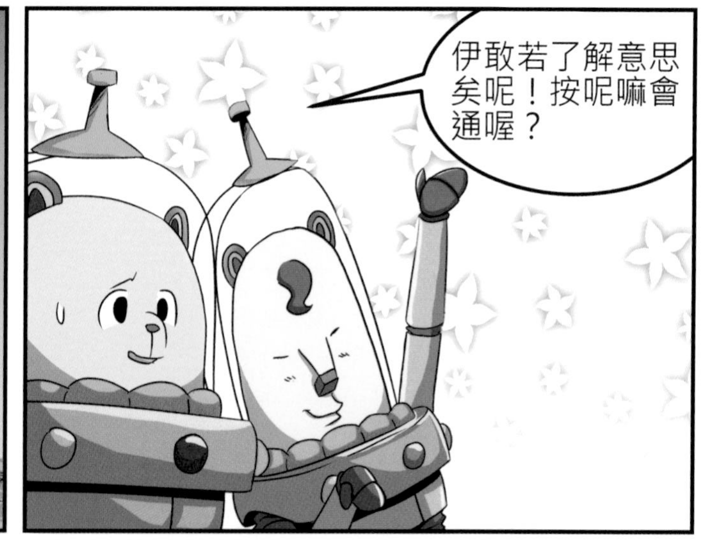
伊敢若了解意思
矣呢！按呢嘛會
通喔？

哇？哪閣有
地動啊？
哎呦！咱趕緊
離開遮啦！
轟
隆
隆

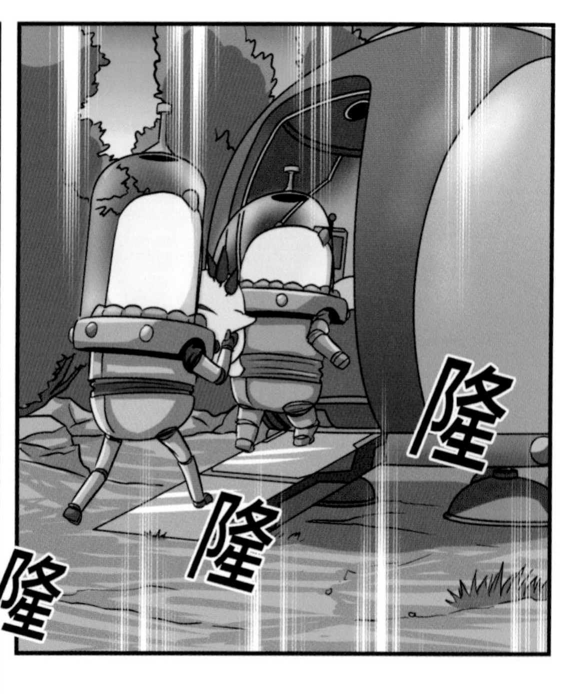
隆
隆
隆

轟
轟

嗚帕～嗚帕！

喔，嗚帕～嗚！
嗚帕帕～

有影無影啊！
伊敢若叫咱對彼爿去呢？
這馬只會當去看覓矣，起行！

好！起行！
咻
咻
咻

地質科學小智識

Q1：啥物是地動?

A1：地表抑是地殼內部發生的震動，就號做地動。

Q2：地動發生的原因有佗一寡?

A2：星石舂著抑是核爆等外力、火山活動、斷層變動。

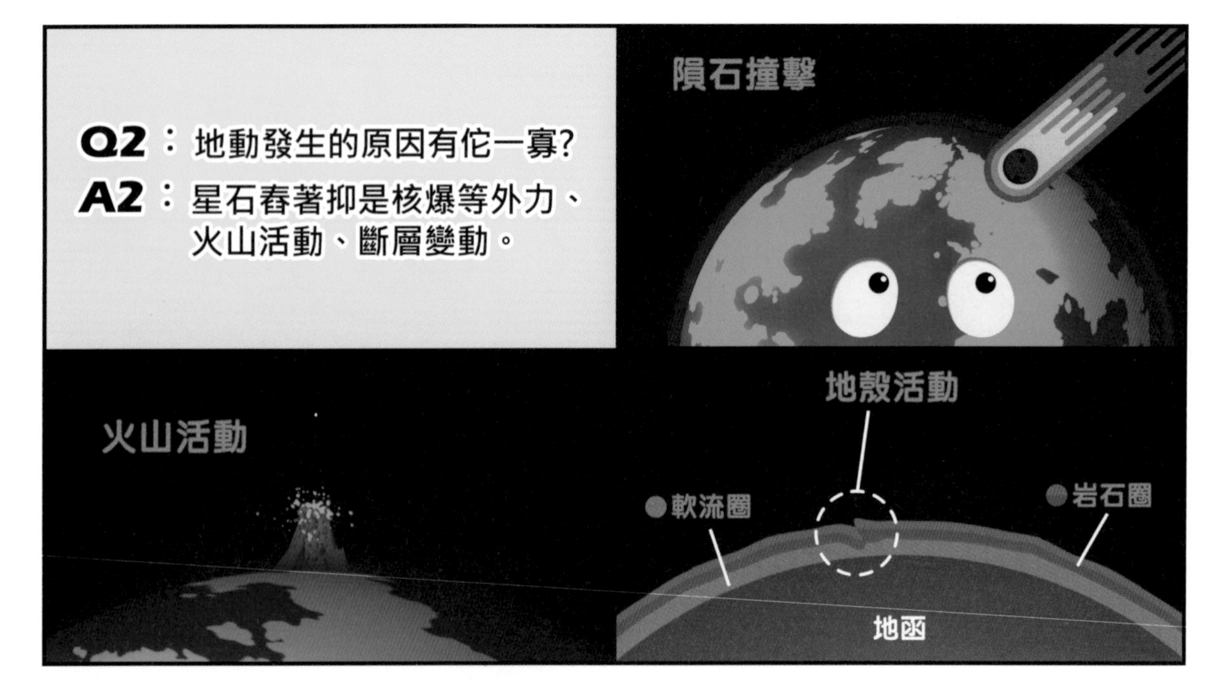

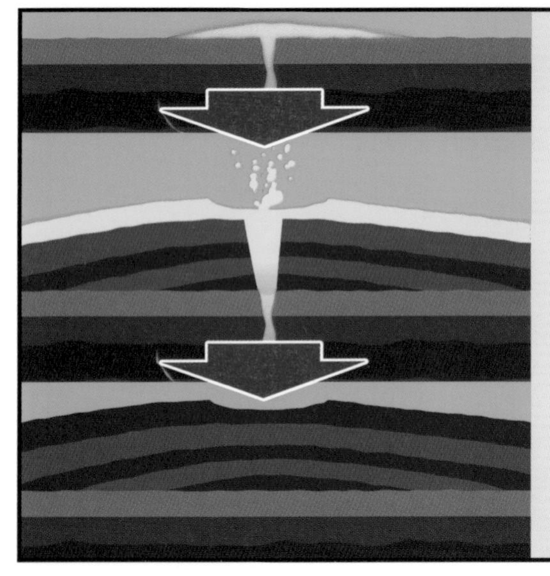

Q3：盾形火山是啥物?

A3：盾狀型火山是由流動性較懸的玄武岩岩漿予湠了後，一層一層疊起來。

第三話　小王子嗚帕帕

阿盧佮妮妮焄毋知名的生物，降落佇一个臨時營地附近，順指示方向入去山洞，無疑悟燒燙燙的熔岩對背後的必巡噴出來。雄雄，一隻聯合王國的太空船出現矣——

火山噴發方式。通替代的能源。板塊運動

熊星人

希提星系迷航記 1

QRCODE

台語有聲故事

每一个故事開始掃 QRcode

就會當聽著台語有聲故事

貝爾號降落佇一个生份的營地。
哇~妮妮你看！有一个營地呢！
毋知是啥人起的？
噠
唦
嗯...這个牌仔頂頭寫的字我看無，猶毋過伊頂頭標示的方向是對彼爿...

咱入去看覓咧！

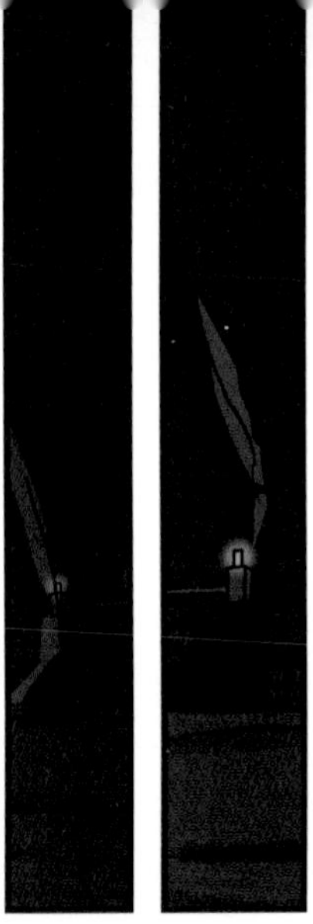

你看!

這是這搭的地圖呢。

我看覓...咱這馬是佇咧...

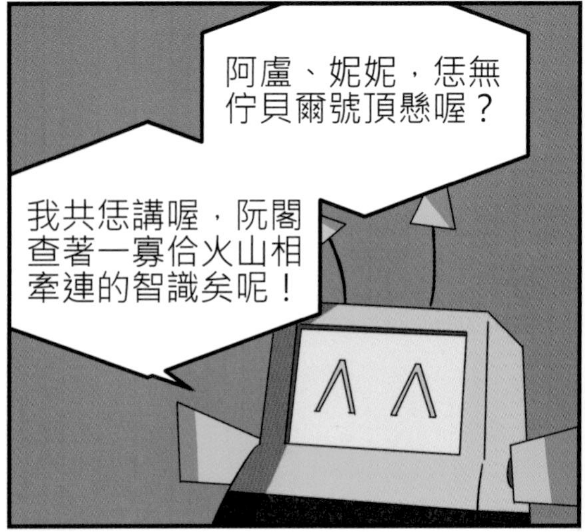
阿盧、妮妮，恁無佇貝爾號頂懸喔？
我共恁講喔，阮閣查著一寡佮火山相牽連的智識矣呢！

原來火山會因為岩漿成份無仝，分做兩種無仝類型的噴發呢！
爆裂式噴發
寧靜式噴發
一種號做「寧靜式噴發」，就是熔岩是用溢出來的，
這種岩漿主要的成份是玄武岩，較無遐爾洘，流動性較懸，毋過熔岩的溫度嘛較懸...

哇阿！
轟
隆
隆
隆

妮妮你有按怎無？

我無代誌...毋過
我心肝內有一種
歹吉兆...

嗚帕嗚帕

抱
起
來

這...這馬我知影...
為啥物遮的人攏走
了了矣...！

恁哪會按呢怦怦喘啊？

感謝你的情報喔...
阮這馬拄著你講的啥物「寧靜式噴發」。
啊～熔岩佇欲逐著阮矣啦！

欸～彼佮資料講的敢有相仝？

恁兩个敢會用得...較恬咧...，莫閣講遐的五四三矣啦！

啊～看著出口矣！

啊～哇啊

這爿！
這爿！
救命喔～～～

咻－

啟動程序準備好矣，
阿盧緊發動iǎn-Jín！

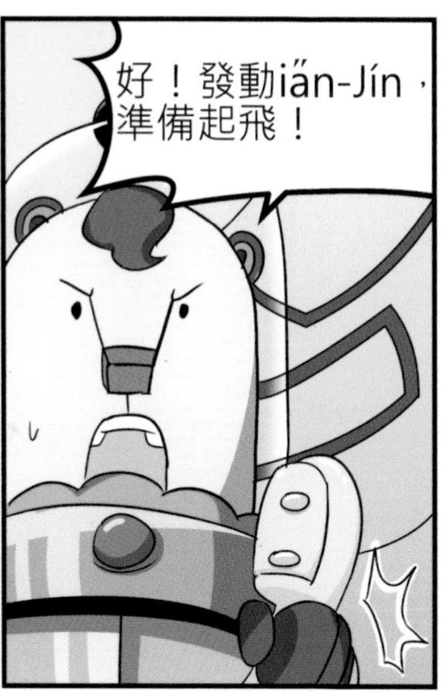
好！發動iǎn-Jín，準備起飛！

傾斜－
哇啊...

熔岩來矣！

袂赴矣，
啟動安全裝置！
咻
砰

咚！
佳哉逃過一劫。
呵呵

毋過下跤攏是熔岩啊！
哇哇！救命啊～
佇欲予熔岩燒著的時陣，

我想欲轉去熊星啦！
嗡嗡
消失
咚！
!?
遮是佗位？
咱敢安全矣？
嗚帕！
出現
有光線出現，將in救起一隻太空船內底。

阿德！
害矣啦！

貝爾號的定位
訊號化去矣啦！
哪會按呢？

妮妮！阿盧！
聽著請應話！

開——

嘎歐！

阿盧你是學人咧嘎歐啥物啦？
嘎歐~
妥當的啦！

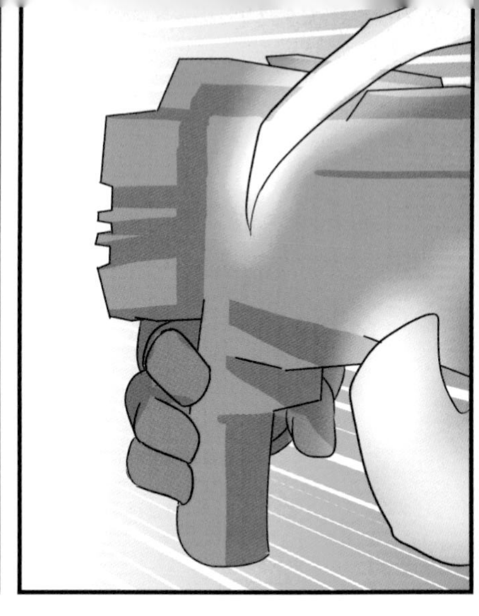

!!

恁是啥物人！
是按怎會出現佇法爾星？
我是聯合王國騎士, 拉雅！

阮是對熊星來的熊星人，多謝你共阮救，
我是妮妮，彼位是阿盧...

熊星人？
欸！莫拂毋著喔，恁這馬走入來阮聯合王國的禁區，恁來這个所在是想欲創啥？

阮的母船有問題愛降落，需要補充能源，猶毋過路裡一个人影都無，
真無簡單才揣著線索，熔岩閣對塗跤底濆（bùn）出來！

嗚帕魯帕人？
嗚帕～嗚帕帕！

In蹛佇法爾星火山彼搭，而且一直佮阮聯合王國對沖...，欲哪會佮恁做伙？
...敢講！

恁欲做伙搶聯合王國的能源！？

啥物做伙搶能源啊？
阮有影是無法度才會佇遮降落！

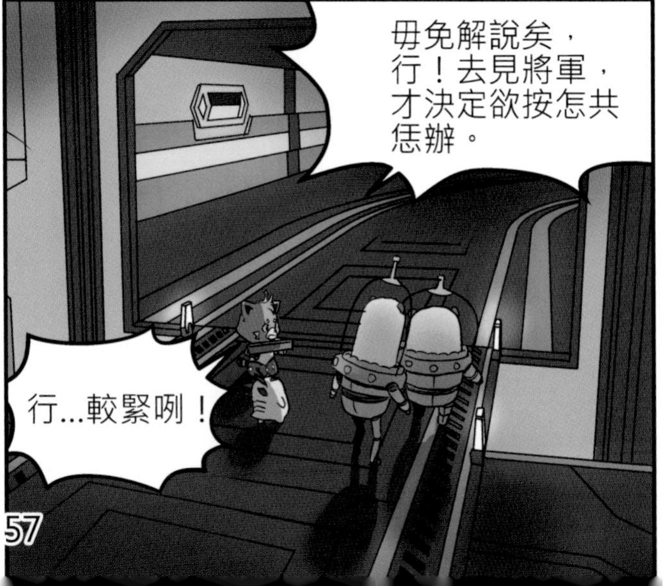
毋免解說矣，行！去見將軍，才決定欲按怎共恁辦。
行...較緊咧！

咻 咻 咻——

伊歐將軍，已經將偷走入來禁區的熊星人掠起來矣，
In講in姑不將才會降落，這馬需要補充能源。

能源？
我才袂隨便相信來路不明的外星人，
嘛無可能共寶貴的能源交予in。

為啥物啊？

聯合王國這馬拄著重大的能源危機，阮就是為著走揣新的替代能源，所以才會佇咧法爾星調查。

阮嘛想過一寡替代能源的方案喔！
譬如講太陽能、風能...

哼！
恁遮的外星人捌一箍芋仔番薯。

是按怎無愛用
核能發電？
無效啦，法爾星日
頭咧曝的時間傷短，
佇這个季節閣無強
的季風來予發電機
運轉。

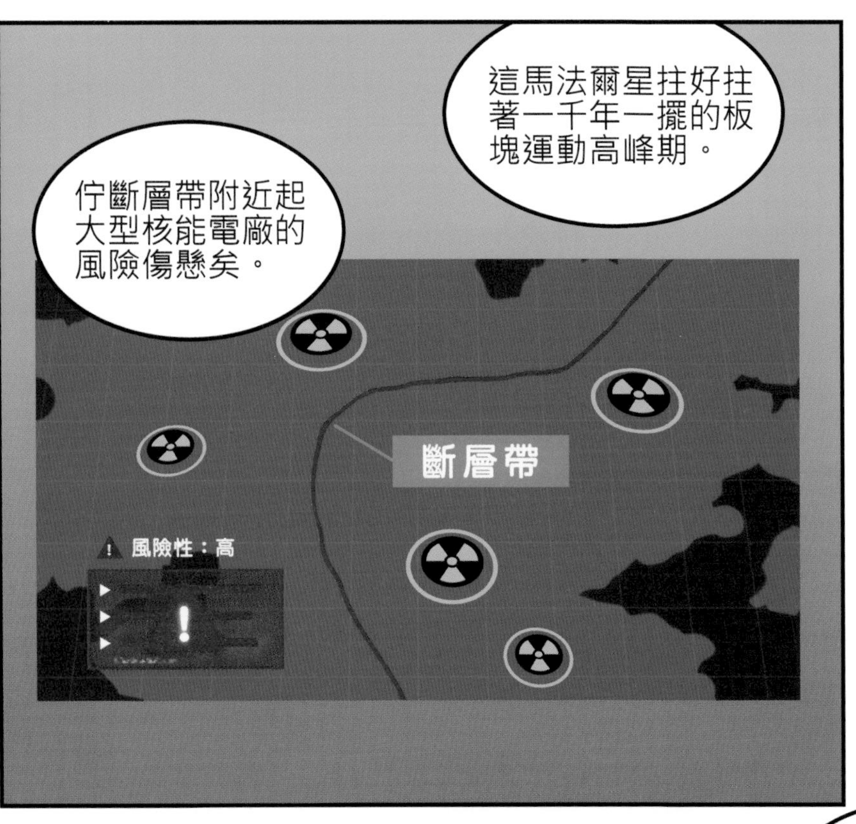
這馬法爾星拄好拄
著一千年一擺的板
塊運動高峰期。
佇斷層帶附近起
大型核能電廠的
風險傷懸矣。
斷層帶
風險性：高

騎士拉雅！
是！

你佮來路不明的
外星人講傷濟矣！
哎喲，阿伯你
哪會遮甕肚...
共阮講是會按怎，
無的確阮會當鬥相
共矣！

我毋是阿伯！

小王子！？

小王子？
嗚帕帕

好啦！看恁遮的外星人有啥物才調會用得鬥相共？
騎士拉雅...
是！

你來說明一下。
是！將軍！

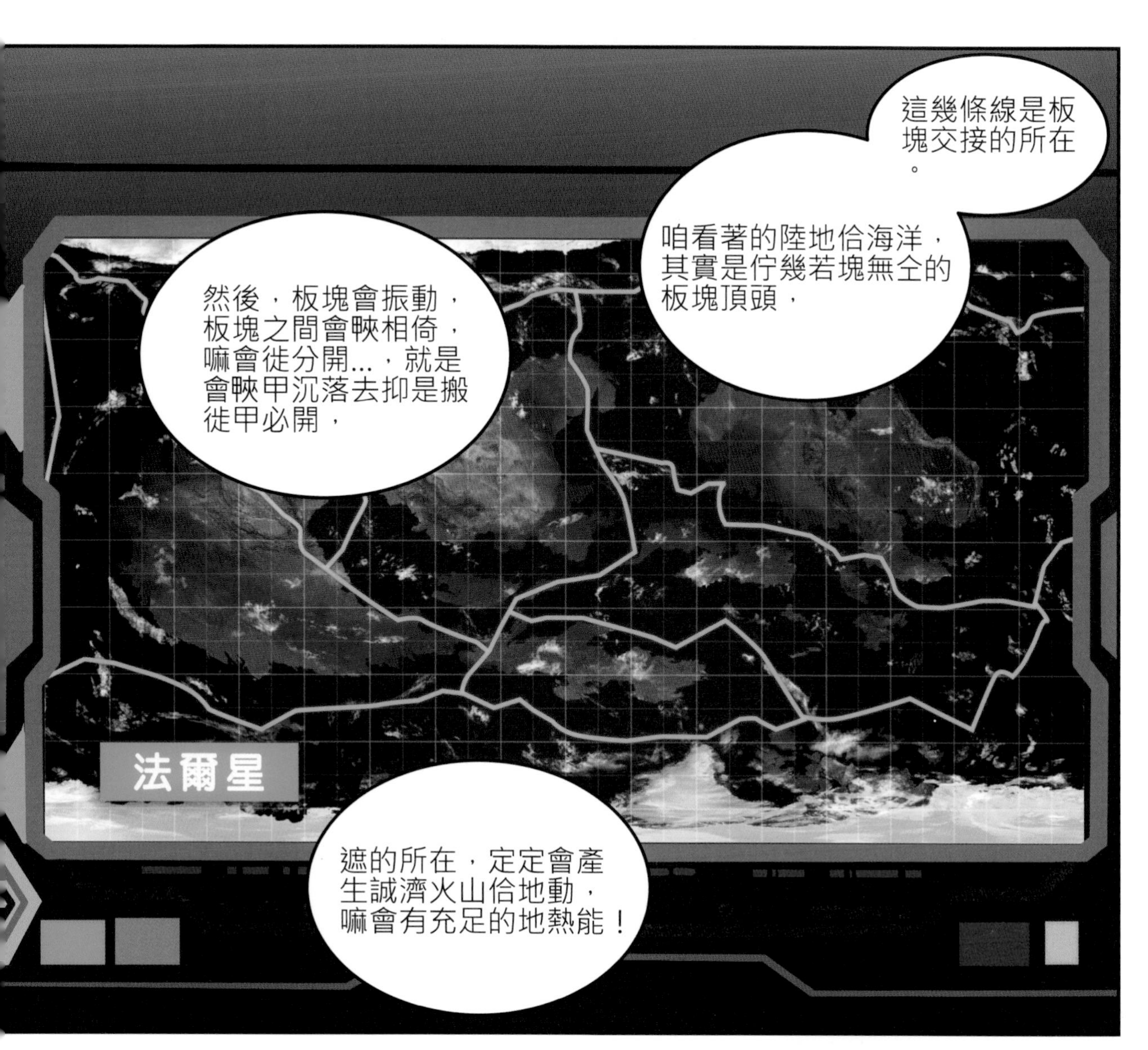
這幾條線是板
塊交接的所在
。
咱看著的陸地佮海洋，
其實是佇幾若塊無仝的
板塊頂頭，
然後，板塊會振動，
板塊之間會映相倚，
嘛會徙分開...，就是
會映甲沉落去抑是搬
徙甲必開，
法爾星
遮的所在，定定會產
生誠濟火山佮地動，
嘛會有充足的地熱能！

板塊運動？
莫怪阮的地圖佮現此
時的完全對袂起來。
所以阿德的推論
是正確的！

阿德？伊又
閣是啥人？

伊這馬咧顧守阮
的太空母船。
免緊張啦，
阿德是佮阮
鬥陣的，

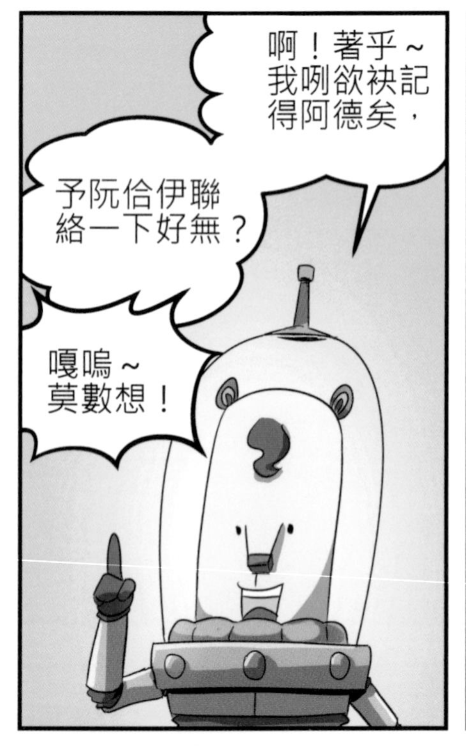
啊！著乎~
我咧欲袂記
得阿德矣，
予阮佮伊聯
絡一下好無？
嘎嗚~
莫數想！

騎士拉雅！
恁是偷走入來
聯合王國的可
疑外星人！

悉出去。
是！！

Bee4，緊予微型衛星
翕影像回傳，咱愛確
認到底發生啥物代誌！
Bee4用微型衛星翕著貝爾號失電的所在。

貝爾號爆炸矣！

天公伯啊！

欸你看！
逃生彈射裝置啟
動矣，妮妮佮阿
盧逃脫出來矣！
嗶嗶，
若按呢in就
平安矣！

一定愛揣著in！

艙房內底，阿盧、妮妮佮
嗚帕帕坐佇飯桌頂食飯。
彼个伊歐將軍
根本就無相信
咱啊！
哎喲，人救咱，
閣提物件予咱食，
妥當的啦！

嗚帕，嗚帕？
嗚帕帕！
嗚帕帕...
嗚帕帕...

規氣以後就叫你嗚
帕帕好矣！

唉...，紲落來咱
到底會按怎矣...
我一定愛想辦法佮
阿德聯絡才會用得...

阿公，我已經予遐的熊星人去有監視器的房間歇睏矣！
拉雅！

我毋是共你講過矣，出任務的時陣袂用得叫我阿公！你是螺絲冗去hioh！
是！將軍！

根據王國特遣隊上尾傳轉來的資料顯示，彼座島有上豐富的地熱能，
猶毋過目前我猶是無聯絡著特遣隊…嘛無法度確定是毋是予島上的嗚帕魯帕人攻擊矣。

遮的嗚帕魯帕人真正勢揣麻煩呢！

猶毋過這馬小王子
佇咱手中...會用得
好好仔共利用一下
我一定欲得著這个
島上的地熱資源。

阿公...將軍，無定著遐
的熊星人誠實會當共咱
鬥相共？

哎～唷～，袂用得
隨便相信遐的烏魯
木齊阿里不達的外
星人啦！
來回
行啊行

將軍...猶毋過這馬咱的
主營地予火山熔岩淹過...
嘛袂赴去搶救遐的家私
猶閣有潛盾機，
除非咱轉去彼座島頂
頭的火山口湖，特遣
隊進前捌佇遐建立探
勘營地。

咱會用得利用熊星人
來控制小王子，
小王子看起來佮熊
星人關係袂穤，熊
星人嘛需要能源，
若是拄著嗚帕魯
帕人，咱就會用
得佮in喝pha-lá
-khián矣！

將軍！這是咱
王國的問題，
咱哪當利用其
他的人去做這
件代誌！

騎士拉雅！
你傷茈矣！
這是聯合王國
能源危機唯一
的希望矣！

是...將軍

地質科學小智識

Q1： 火山噴發分做佗兩種類型?

A1： 火山噴發分做爆裂式噴發佮寧靜式噴發兩種類型。

Q2： 啥物是寧靜式噴發?

A2： 寧靜式噴發是指熔岩以溢出來的方式噴發，岩漿主要是由玄武岩構成的，黏度較低、流動性較懸，熔岩溫度嘛較懸。

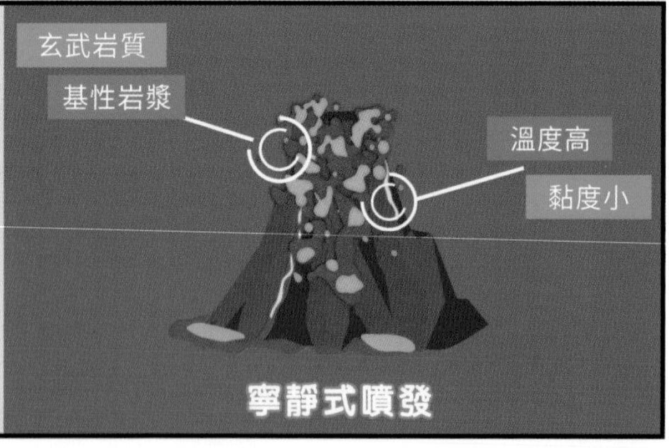

Q3： 板塊運動是啥物?

A3： 板塊運動是指板塊佮板塊之間互相聚合和分離，就是兩个板塊相挨致使沉落去抑是分裂的現象。

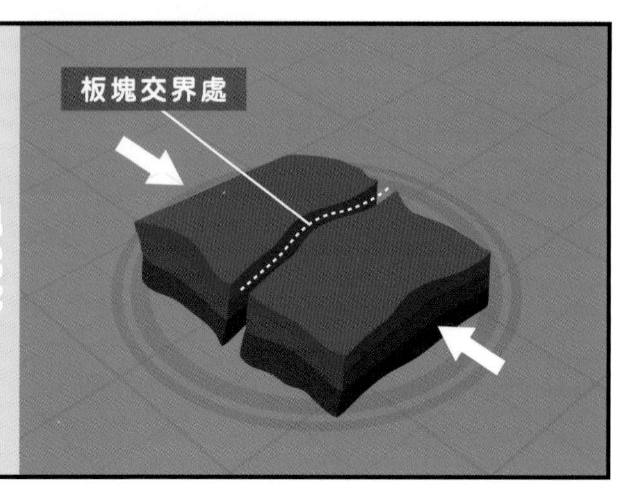

第四話　伊歐將軍的陰謀

拉雅將熊星一陣人悉去到駕駛室，伊歐將軍提出予in加入探索隊走揣地熱田，目的地是大洋頂面的一座大火山島，毋過妮妮煞對將軍雄雄改變感覺僥疑⋯？

地熱能。地球的構成。層形火山群佮爆炸式噴發

QRCODE
台語有聲故事

每一个故事開始掃 QRcode
就會當聽著台語有聲故事

阿德，揣著矣!
有一隻太空船!

Hănn ?
你講啥物!?

衛星紀錄著有一隻太空船的
能量反應，將伊翕落來矣!

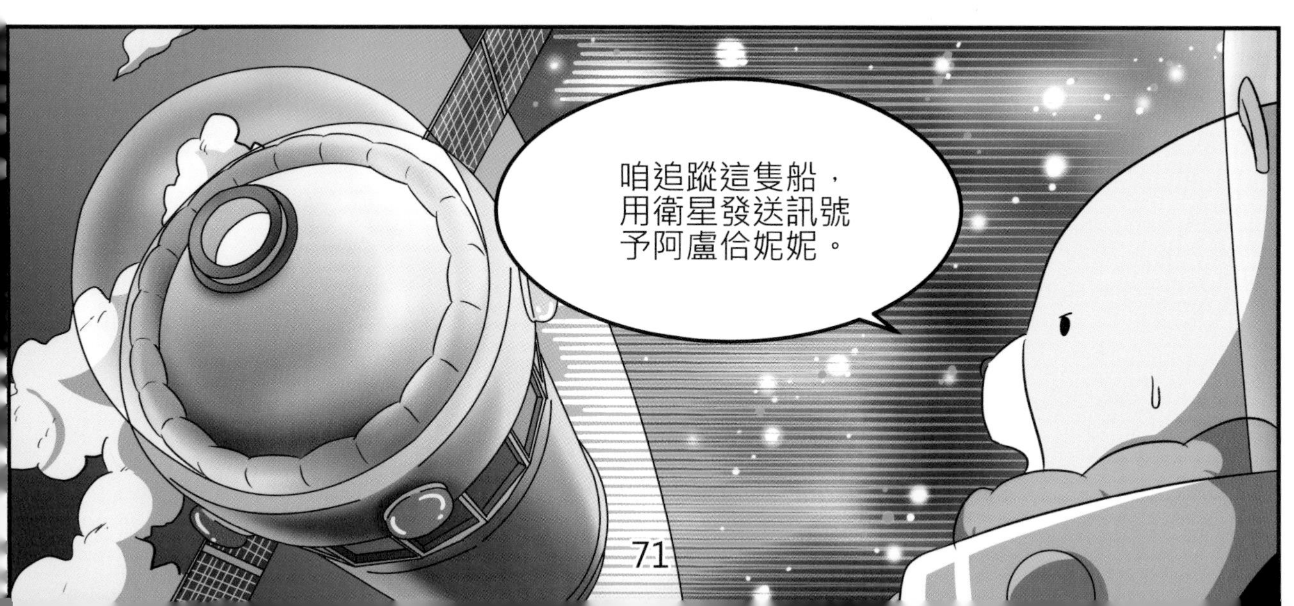
咱追蹤這隻船，
用衛星發送訊號
予阿盧佮妮妮。

咻
咻

噠
噠

敢會當好好仔行路矣?

嗶嗶嗶
欸!你敢有咧聽?
阿德？

妮妮，足好的!
總算聯絡著恁矣!

恁到底發生啥物代誌?

唉~講來話頭長啦...

天公伯啊！
原來是按呢喔！

我一直感覺這件代誌
有人咧變鬼變怪...

所以恁這馬嘛只會
當加入探索隊矣！
嗶嗶嗶，地球人講，
危機就是轉機。
地球嘛有真濟火山，
凡勢我會當對思考洞
窟內面的資料揣著線
索。

你是佇遐咧變
啥物魍!?

無、無啥啦!
咱是欲做伙弄險的
同伴呢，毋免一直
按呢共阮提防啦!

行！

熊星人，
我斟酌想過矣，
將軍，
人悉來矣。
予當咧行衰運的
恁留佇咧這粒星
球，毋是阮聯合
王國對待人客的
方法，
我決定予恁參加
探索隊，鬥相共
走揣地熱田。

妥當的啦!
阿伯你有影是
一个好人呢！
應該袂共阮創空
啦乎?
哪會睏一暝起來
就變一个人啊?

熊星人...我是想欲
予恁一个會當轉
去的機會呢！
創空!恁遮
的外星人!!

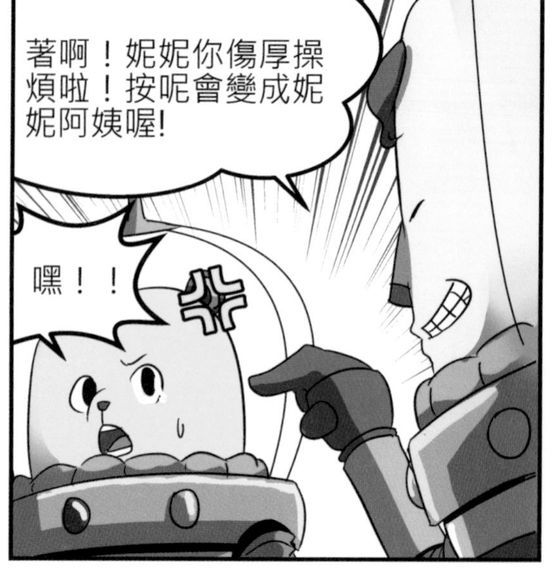
著啊！妮妮你傷厚操
煩啦！按呢會變成妮
妮阿姨喔!
嘿！！

若按呢這馬欲
按怎咧?

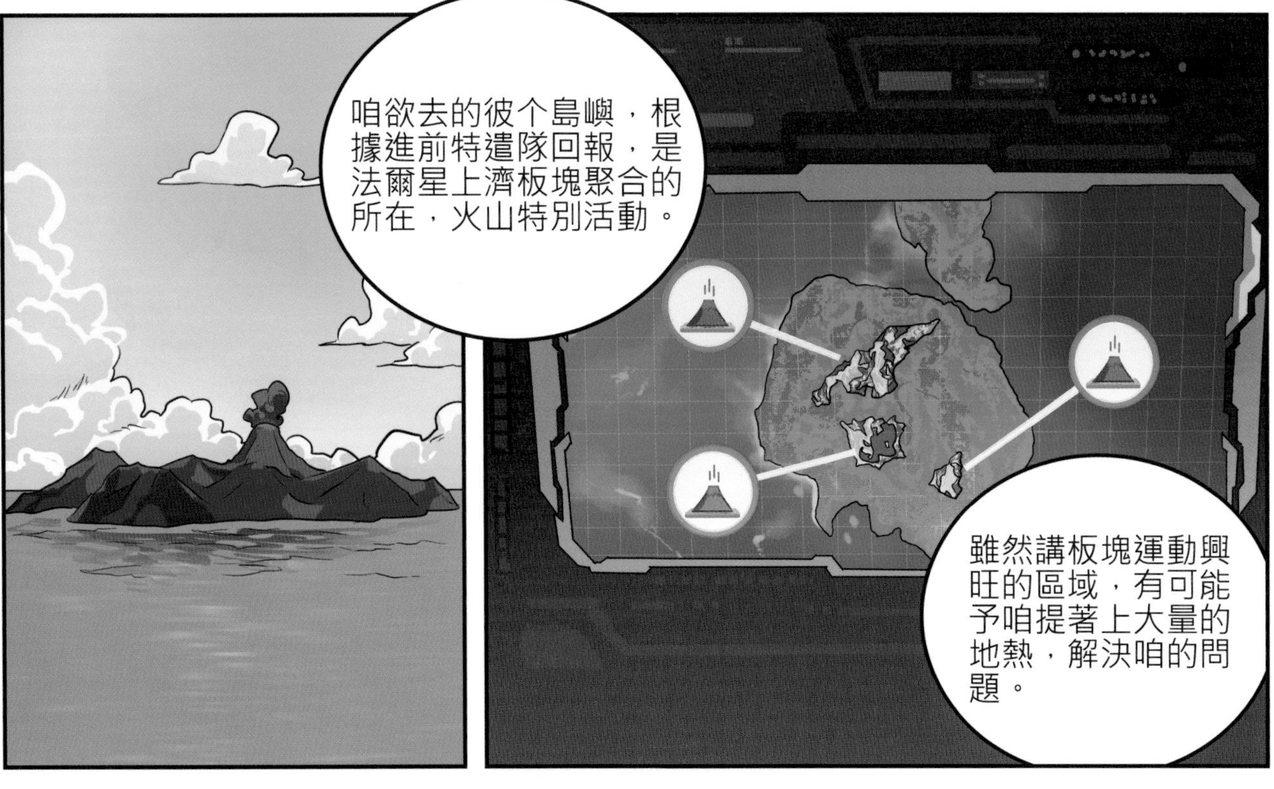
咱欲去的彼个島嶼，根
據進前特遣隊回報，是
法爾星上濟板塊聚合的
所在，火山特別活動。
雖然講板塊運動興
旺的區域，有可能
予咱提著上大量的
地熱，解決咱的問
題。

猶毋過事實上
這件代誌並無
遐爾仔簡單。

咦？！
按怎講咧？

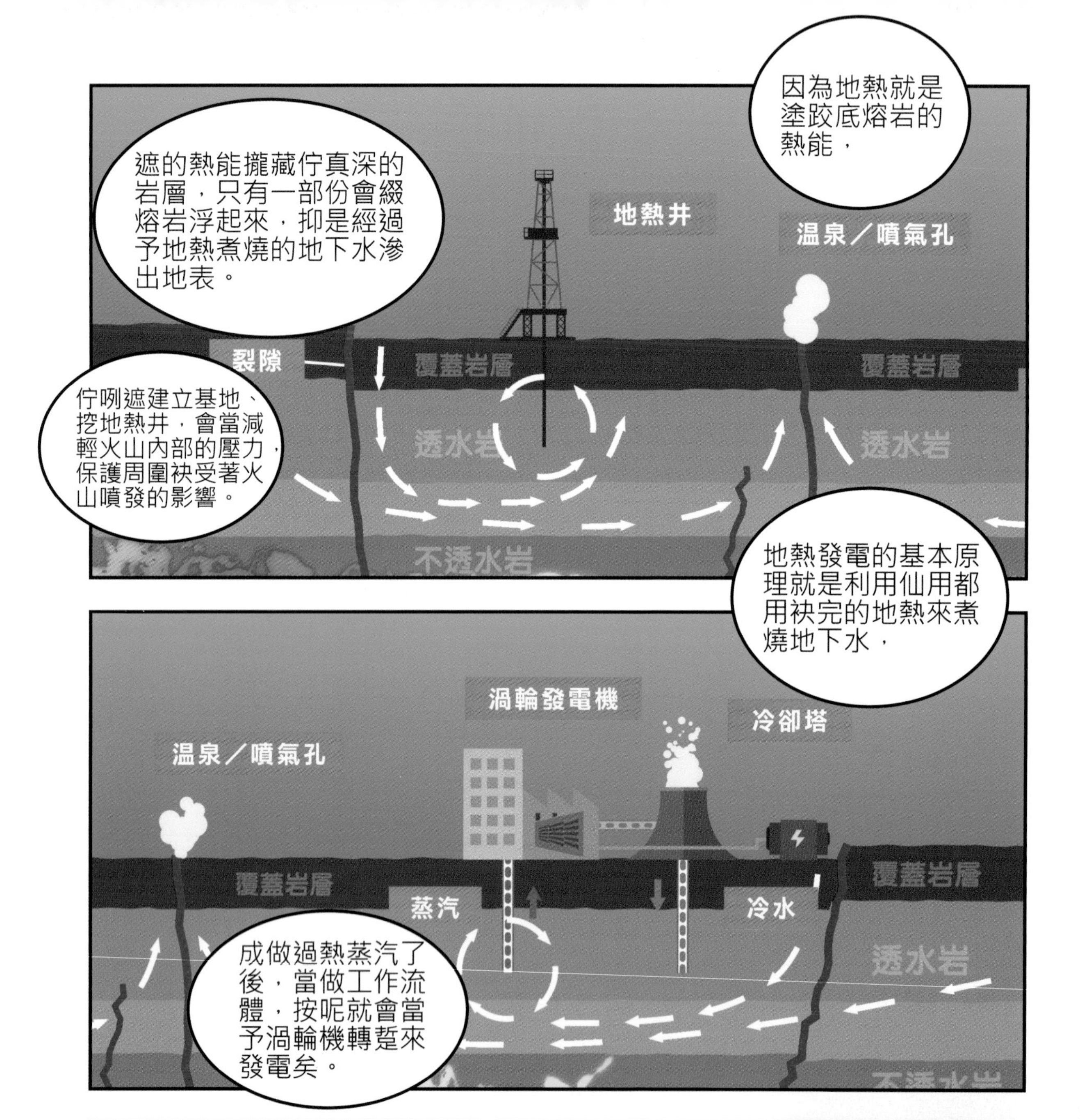
因為地熱就是
塗跤底熔岩的
熱能，
遮的熱能攏藏佇真深的
岩層，只有一部份會綴
熔岩浮起來，抑是經過
予地熱煮燒的地下水滲
出地表。
地熱井
溫泉／噴氣孔
裂隙
覆蓋岩層
覆蓋岩層
佇咧遮建立基地、
挖地熱井，會當減
輕火山內部的壓力，
保護周圍袂受著火
山噴發的影響。
透水岩
透水岩
不透水岩
地熱發電的基本原
理就是利用仙用都
用袂完的地熱來煮
燒地下水，
渦輪發電機
冷卻塔
溫泉／噴氣孔
覆蓋岩層
覆蓋岩層
蒸汽
冷水
透水岩
成做過熱蒸汽了
後，當做工作流
體，按呢就會當
予渦輪機轉踅來
發電矣。

就是按呢才愛組成
一个探索隊，去彼
个島探勘啊。

苦矣...若按呢阮愛
等偌久才會當轉去
啊？！

智者好，我對妮妮遐
知影一種熊星人毋捌
使用過的地熱能。

我咧想講地熱佮
板塊運動敢有啥
物關聯?
假使我知影，凡勢就
會當揣著線索共鬥相
共。

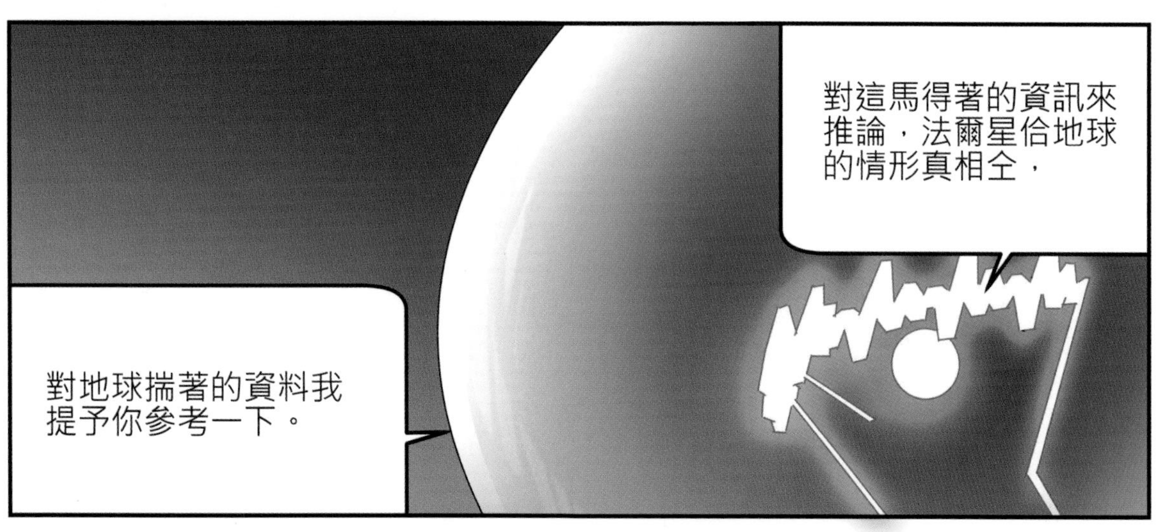
對這馬得著的資訊來
推論，法爾星佮地球
的情形真相仝，
對地球揣著的資料我
提予你參考一下。

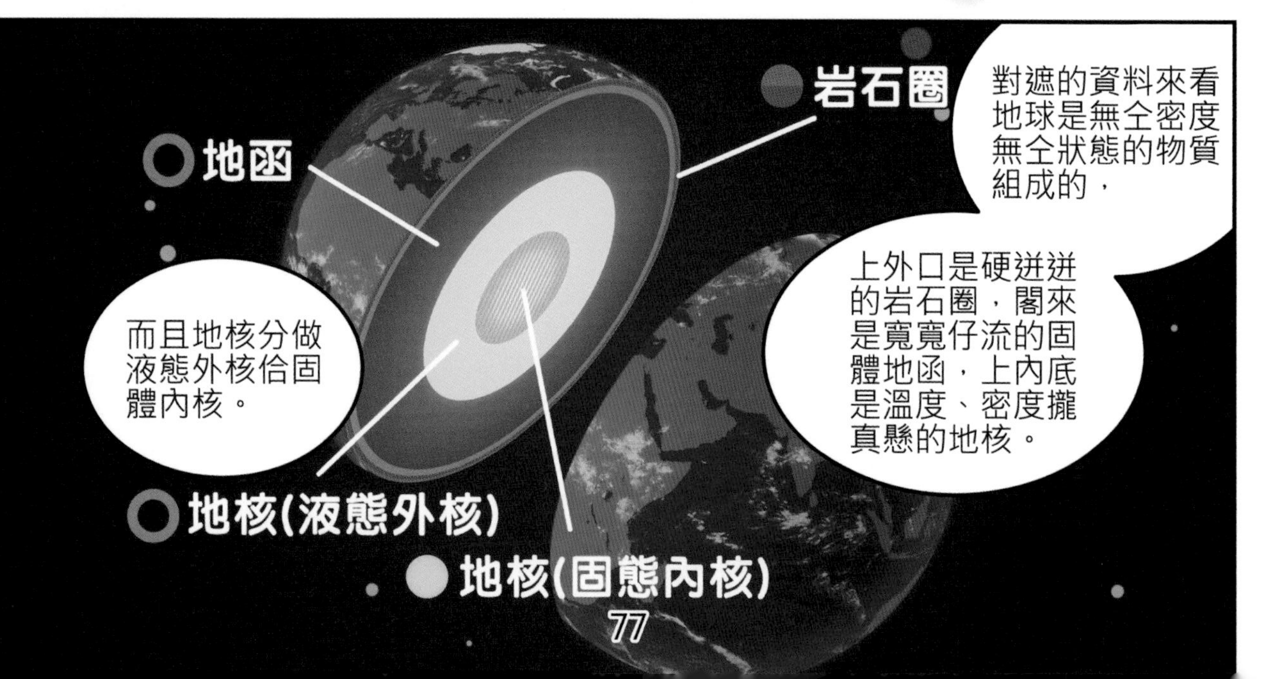
對遮的資料來看
地球是無仝密度
無仝狀態的物質
組成的，
上外口是硬迸迸
的岩石圈，閣來
是寬寬仔流的固
體地函，上內底
是溫度、密度攏
真懸的地核。
而且地核分做
液態外核佮固
體內核。
岩石圈
地函
地核(液態外核)
地核(固態內核)

確實有成呢！
若剖開，是毋是真成一塊幾若層的雞卵糕啊。

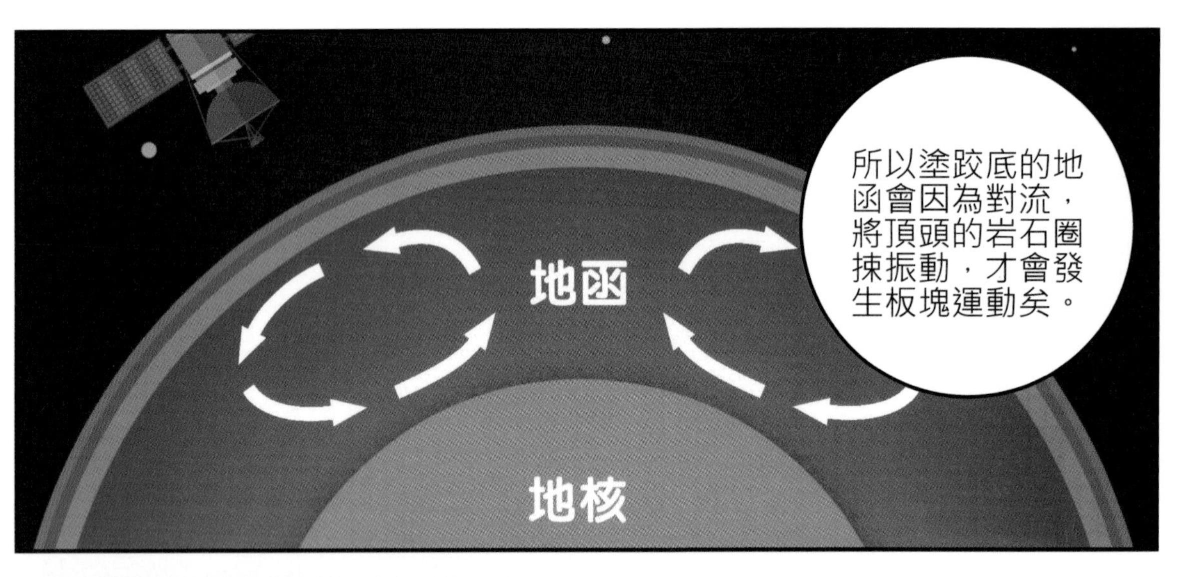
所以塗跤底的地函會因為對流，將頂頭的岩石圈捒振動，才會發生板塊運動矣。
地函
地核

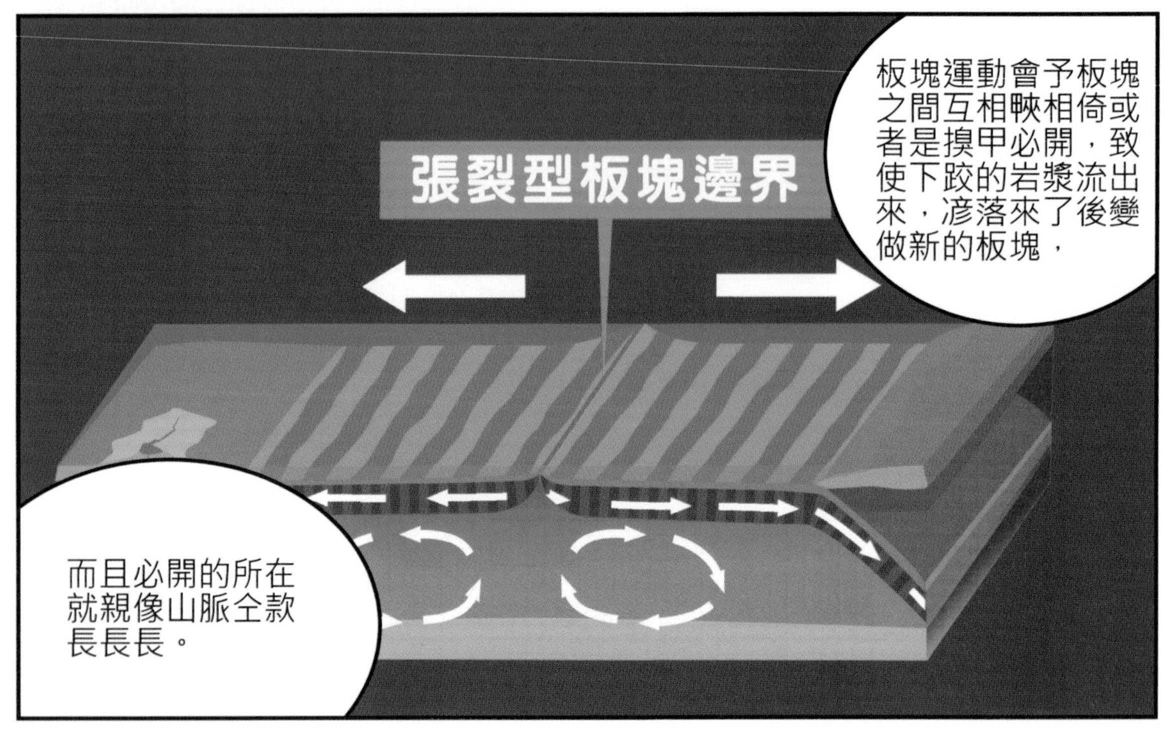
板塊運動會予板塊之間互相映相倚或者是摸甲必開，致使下跤的岩漿流出來，湠落來了後變做新的板塊，
張裂型板塊邊界
而且必開的所在就親像山脈仝款長長長。

喔！我捌佇地球的
冊看過喔~
原來火山活動會形成
陸地，是因為熔岩湠
落來造成的。

這號做中洋脊，
冰島
中洋脊
地球上有名的中洋脊
是大西洋洋中脊，
冰島就是大西洋
洋中脊捅出來的
部份！
北大西洋

若按呢，阿德，你已經
知影因為地核的熱能
對流所造成的現象矣，
是毋是會用得對
當中發現開採地
熱的線索咧？

喔~我了解矣!
所以板塊相輚或者是必開的所在就是塗跤底的熱能傳到地表的出口。

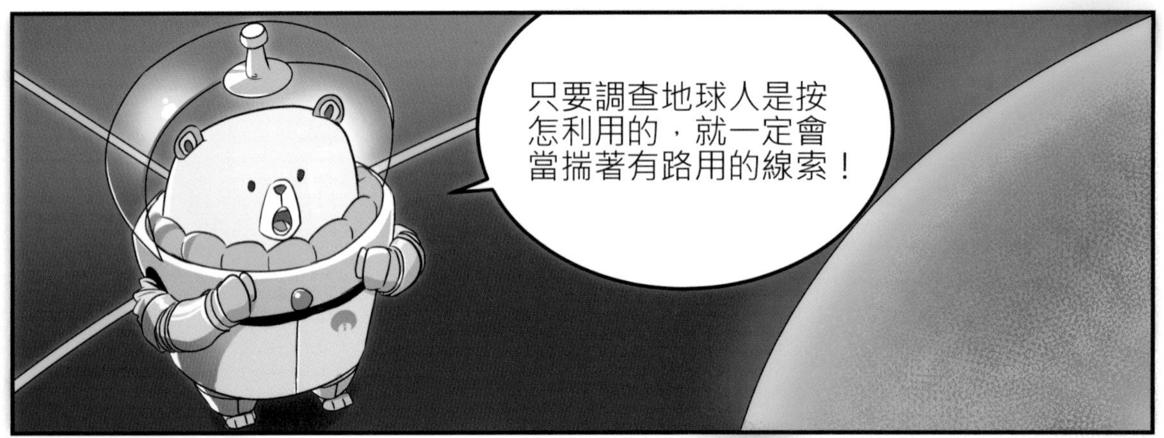
只要調查地球人是按怎利用的，就一定會當揣著有路用的線索！

你這个想法真好喔，若按呢咱就來整理地球所有相關地點的資料啦。
好喔！

艾克賽斯號飛向噴發的火山島。

嗚帕！
嗚帕嗚帕帕！
嗚帕帕...

哇！恁看！
啥物情形矣？

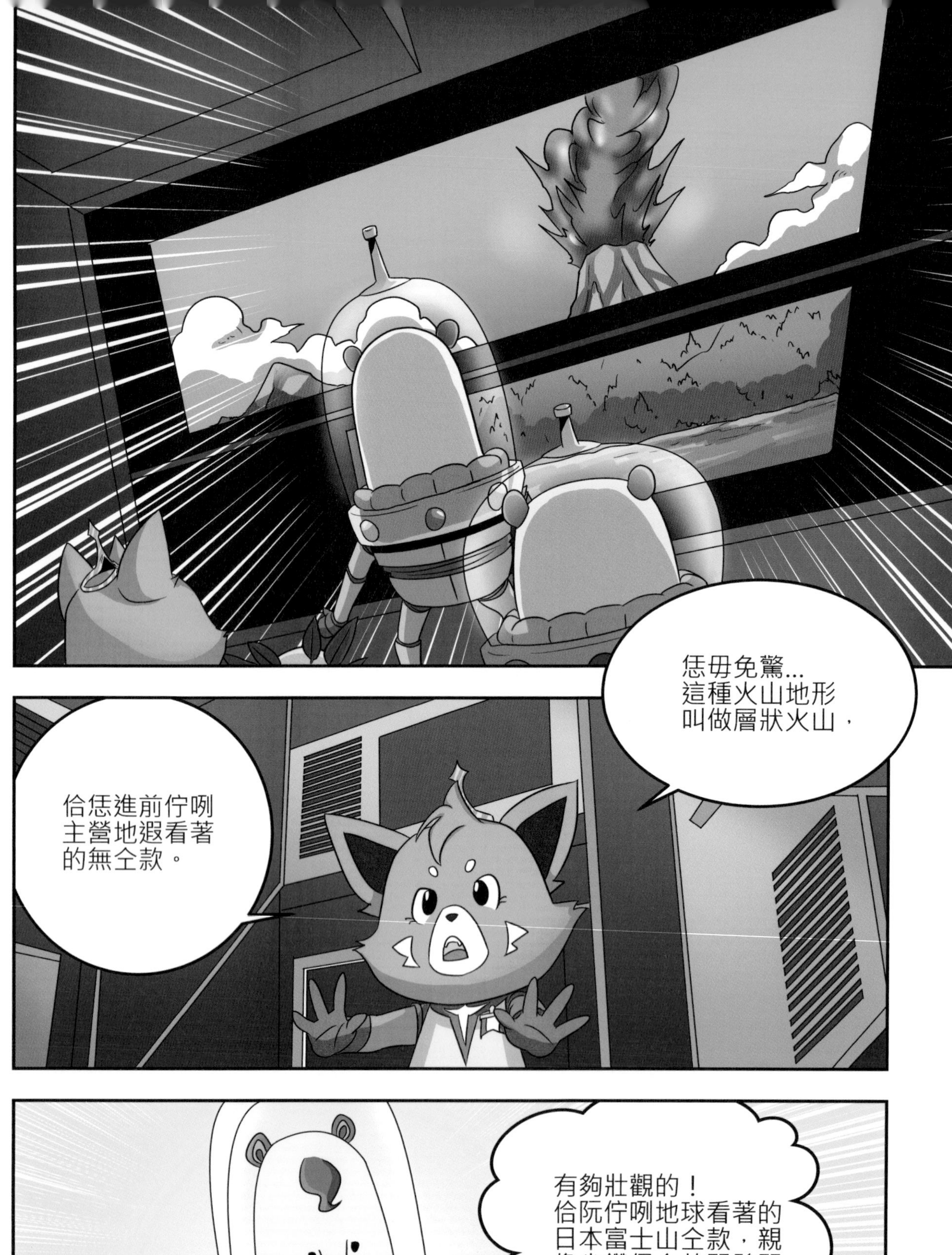

恁毋免驚...
這種火山地形
叫做層狀火山，
佮恁進前佇咧
主營地遐看著
的無仝款。

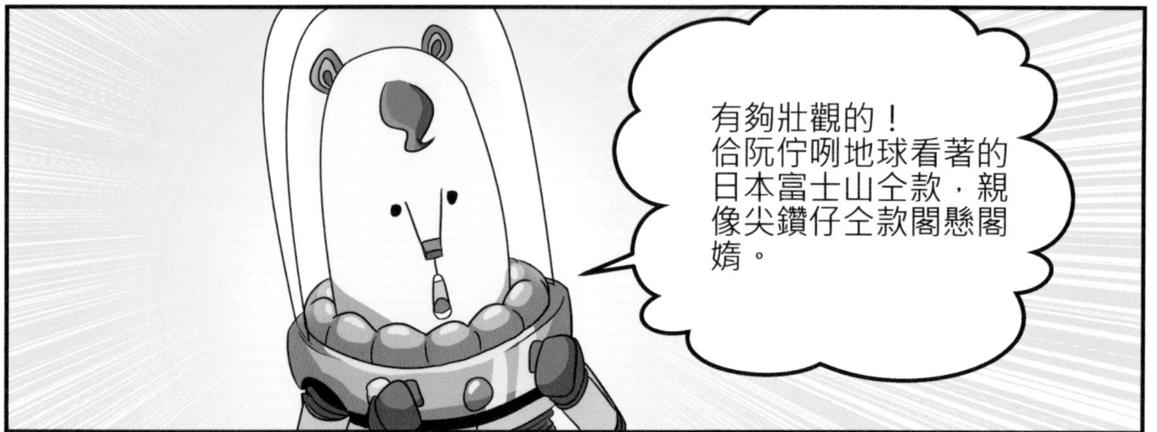

有夠壯觀的！
佮阮佇咧地球看著的
日本富士山仝款，親
像尖鑽仔仝款閣懸閣
媠。

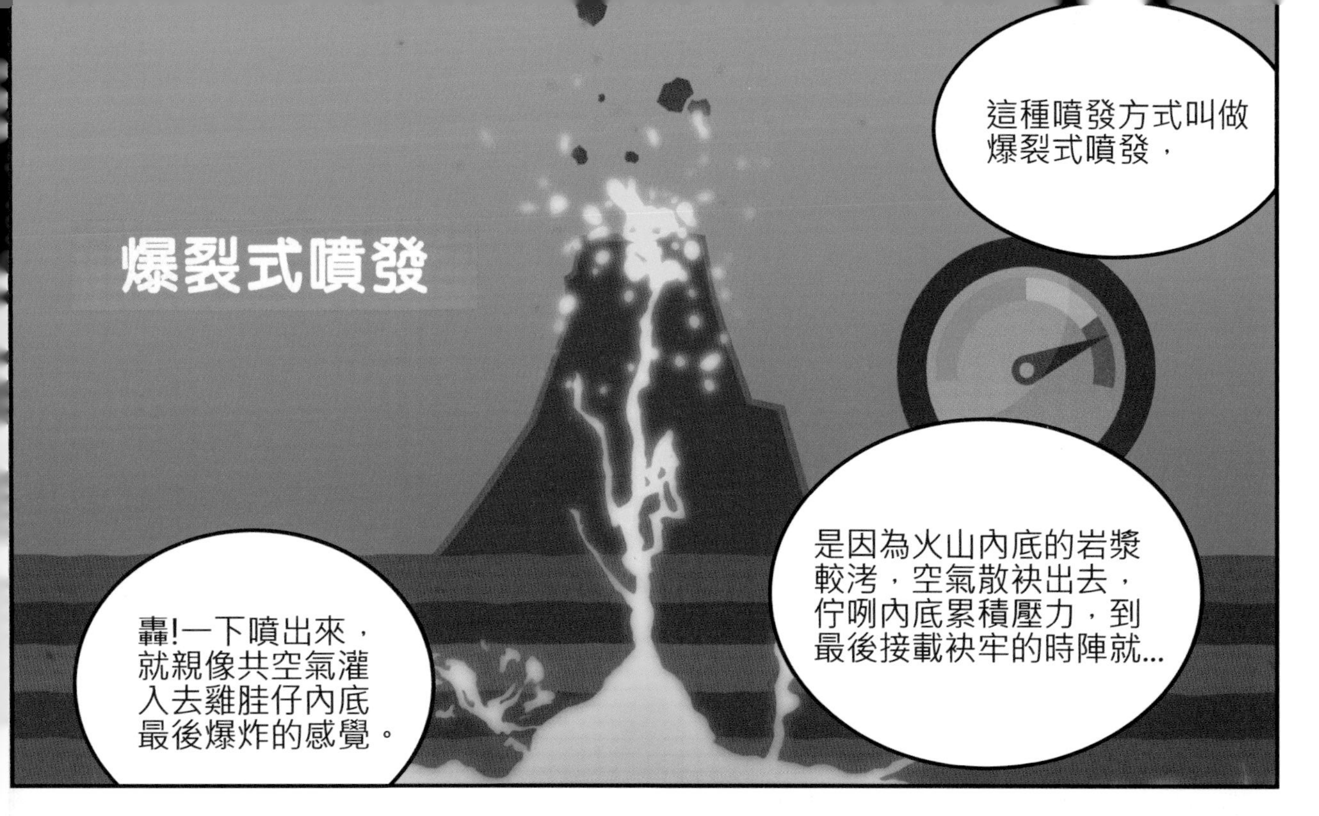
爆裂式噴發
這種噴發方式叫做爆裂式噴發，
是因為火山內底的岩漿較涔，空氣散袂出去，佇咧內底累積壓力，到最後接載袂牢的時陣就...
轟!一下噴出來，就親像共空氣灌入去雞胿仔內底最後爆炸的感覺。

這聲恁知影探索隊的危險性矣乎?
恁會驚無?

就...就算會驚，阮嘛是愛揣著能源才會用得啊!

妥當的啦！驚驚袂著等喔！
嗚帕！

好，按呢著綴我來
去駕駛室!
騎士拉雅，
頭前火山當咧噴發，
咱無法度直接飛到火
山口湖營地。
請你按照我設定的新
目標降落，交予你來
駕駛矣。
是！

關起來
唰
唰
唰

鏘！

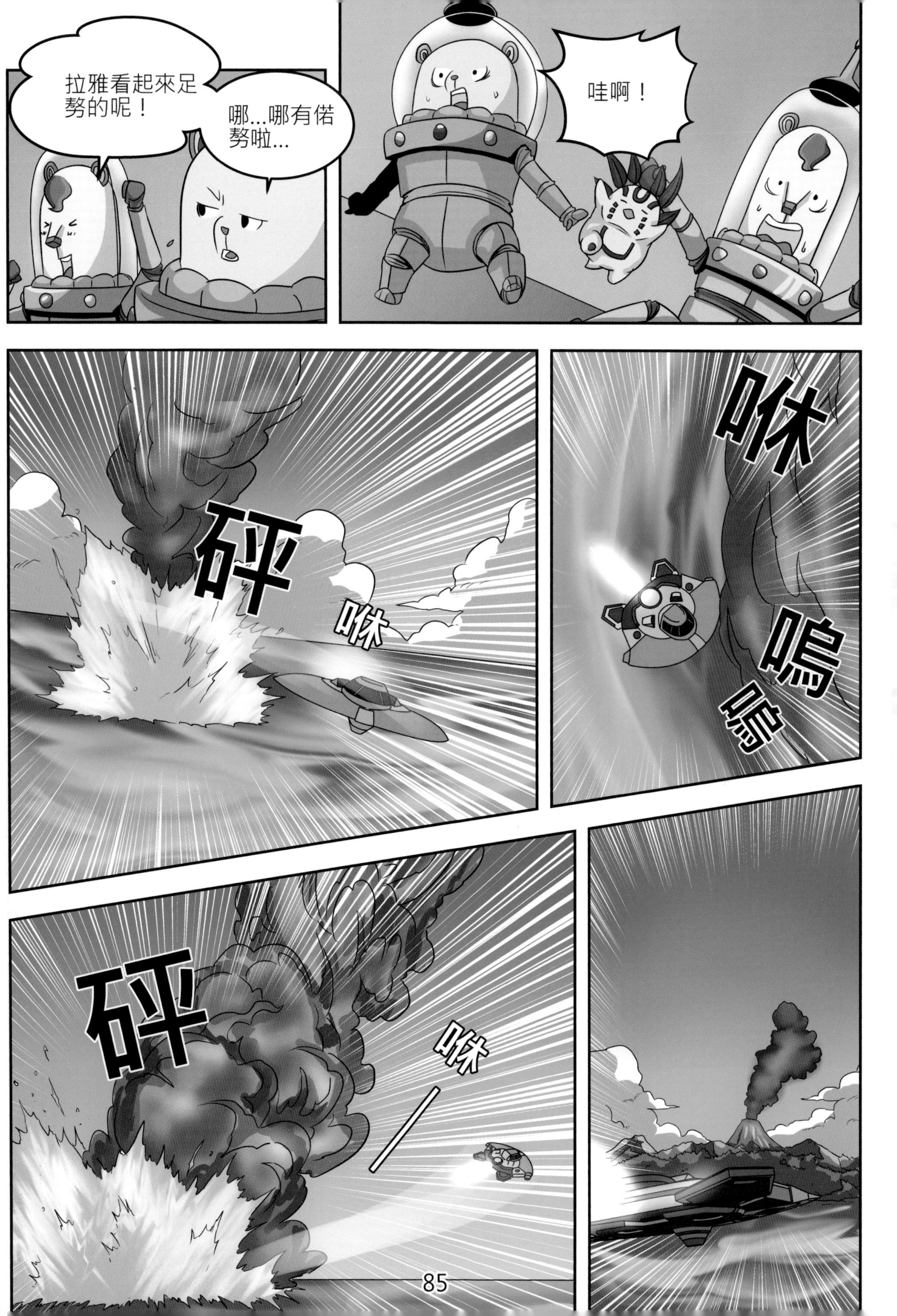
拉雅看起來足勢的呢！
哪...哪有偌勢啦...
哇啊！
砰
咻
咻
嗚
嗚
砰
咻

閃過火山爆發的艾克賽斯號，
準備降落佇火山島。

哇！這个所在足媠的。

嗚帕嗚帕帕...

嗚帕帕你嘛感覺足歡喜，著無？咱欲做伙佇這个島嶼弄險矣！

將軍，咱到矣！

轟
…

阿盧、妮妮佮拉雅in
佇海岸邊登陸火山島。

阿盧，阿德有
佮我聯絡矣。

阿德！？

!?

噔噔 噔噔！

雖然阿德嘛講咱加入
探索隊是目前唯一的
辦法，毋過我猶是感
覺怪怪。
你較細聲
咧啦…
妳是傷緊張
矣啦？

熊星人，咱的目標，就是彼座火山！
熊星人恁共我聽予好，這个島非常危險，知影無!
一定愛聽指揮才會當行動!

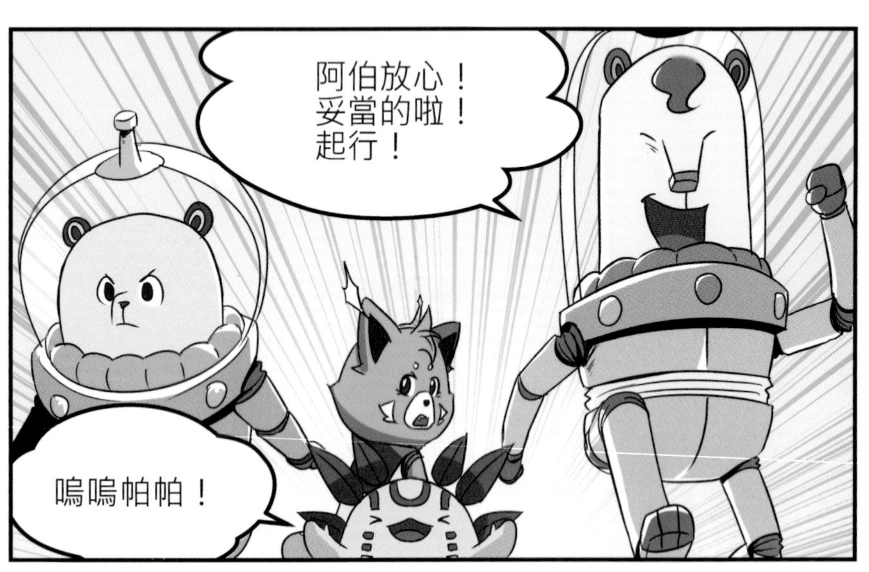
阿伯放心！妥當的啦！起行！
嗚嗚帕帕！

細膩！

轟！
哇啊！
停——!

遮充滿地熱隨時會噴出來，請莫大主大意行動。
這~這種代誌毋就較早講咧！
這是常識！

哇！足燒的呢!
若予噴著就去
了了矣啦！
拉雅~多謝你共
阮救，你人有夠
好的呢！

啊~是咧
講啥！

好矣~好矣好矣~
莫浪費時間矣，
猶閣有一段路愛
行呢！！

喂！你咧創啥?
緊綴來!
喔！

火山島的地熱能
探險馬上開始。

地質科學小智識

Q1：地熱發電的基本原理是啥物?

A1：利用深層塗跤底岩層的熱能予地下水溫度升懸，成做過熱蒸氣了後，當做工作流體推動渦輪機轉踅發電。

Q2：地球是由啥物組成的?

A2：地球是由無仝密度佮狀態的物質所組成的，對外向內是地殼、固體地函、液態地核和固態地核。

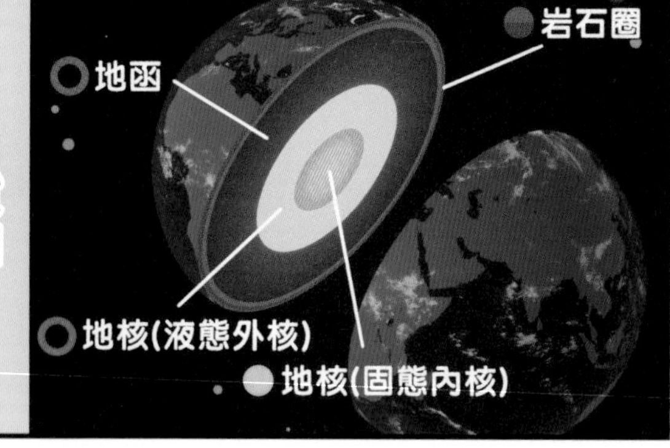

Q3：啥物是爆裂式噴發?

A3：爆裂式噴發是指火山裡黏度較懸的岩漿，致使氣體佇火山內無法度散出去，持續累積壓力，上尾超過負擔產生的噴發。

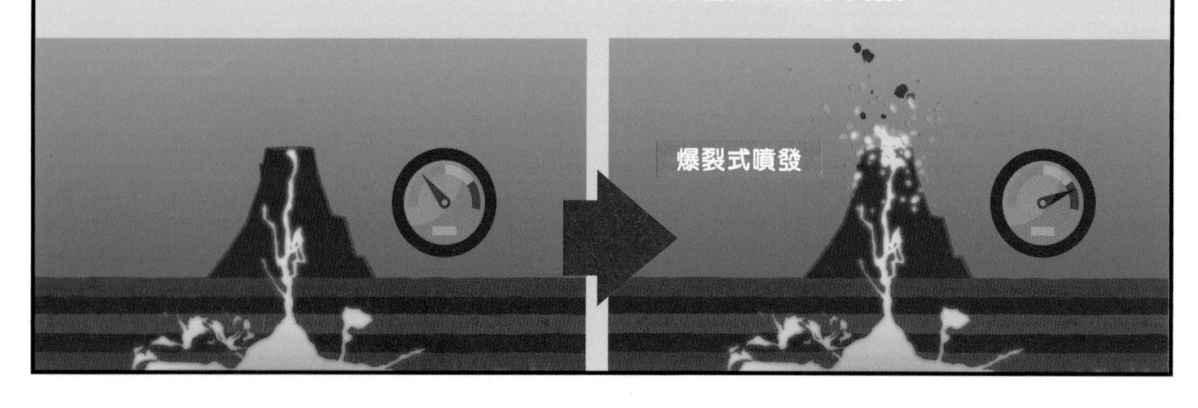

《Bear Star》

作詞:張永昌 作曲：張念達

發動 智慧的引擎（iǎn-jín） 欲出帆（phâng）
行踏大海 心茫茫
這款 的冒險絕對袂輕鬆
（逐家）思考才袂愣愣 （做伙）出力才會振動
展翼帶著希望 勇敢承擔（ sîng-tann）

飛上懸山（kuân suann）

BearStar 衝啦

挑戰 全部毋驚（ m̄-kiann）

BearStar 衝啦

踏出 希望 向前行（ hiòng-tsiân kiânn）

迵過（thàng-kuè；穿越) 銀河（gîn-hô）的 BearStar

《嗚帕帕之歌》

作詞:陳守玉　作曲：張念達

法爾星的嗚帕魯帕

嗚帕帕 嗚帕帕

岩漿沖天 火山爆炸〔pȯk-tsà〕

嗚帕魯帕 免驚免驚

嗚帕帕 嗚帕帕

浸著（tiȯh）溫泉　天大地大

阮的(嗚帕)所在(嗚帕)

溫暖的家 (嗚帕帕)

企　　劃　肯特動畫
　　　　　台灣大學地質科學系
漫　　畫　比歐力工作室
補助單位　文化部

出版發行／前衛出版社
地址：10468台北市中山區農安街153號4樓之3
電話：02-2586-5708
傳真：02-2586-3758
郵撥帳號：05625551
Email：a4791@ms15.hinet.net
http://www.avanguard.com.tw

法律顧問／陽光百合律師事務所

總經銷／紅螞蟻圖書有限公司
地址：11494台北市內湖區舊宗路二段121巷19號
電話：02-2795-3656
傳真：02-2795-4100

出版日期／2021年10月 初版一刷
售價／350元

Printed in Taiwan　ISBN 978-957-801-987-4